新課程対応版

高卒認定ワークブック 生物基礎

編集・制作：J-出版編集部

出版

もくじ

第4章　生物性の多様性と分布

第5章　生態系とその保全

生物基礎では、ヒトや動物、植物など、さまざまな生物について学習します。生物基礎を学習することで、自分自身だけでなく、身の回りの生物に対する理解が進み、新たな視野が広がるはずです。ぜひ楽しみながら学習してみてください！

高卒認定試験の概要

高等学校卒業程度認定試験とは？

高等学校卒業程度認定試験（以下、「高卒認定試験」といいます）は、高等学校を卒業していないなどのために、大学や専門学校などの受験資格がない方に対して、高等学校卒業者と同等以上の学力があるかどうかを認定する試験です。合格者には大学・短大・専門学校などの受験資格が与えられるだけでなく、高等学校卒業者と同等以上の学力がある者として認定され、就職や転職、資格試験などに広く活用することができます。なお、受験資格があるのは、大学入学資格がなく、受験年度末の３月 31 日までに満 16 歳以上になる方です（現在、高等学校等に在籍している方も受験可能です）。

試験日

高卒認定試験は、例年８月と 11 月の年２回実施されます。第１回試験は８月初旬に、第２回試験は 11 月初旬に行われています。この場合、受験案内の配布開始は、第１回試験については４月頃、第２回試験については７月頃となっています。

試験科目と合格要件

高卒認定試験に合格するには、各教科の必修の科目に合格し、合格要件を満たす必要があります。合格に必要な科目数は、「理科」の科目選択のしかたによって８科目あるいは９科目となります。

教　科	試験科目	科目数	合格要件
国語	国語	1	必修
地理歴史	地理	1	必修
	歴史	1	必修
公民	公共	1	必修
数学	数学	1	必修
理科	科学と人間生活	2 または 3	以下の①、②のいずれかが必修 ①「科学と人間生活」の１科目および「基礎」を付した科目のうち１科目（合計２科目） ②「基礎」を付した科目のうち３科目（合計３科目）
	物理基礎		
	化学基礎		
	生物基礎		
	地学基礎		
外国語	英語	1	必修

※このページの内容は、令和５年度の受験案内を基に作成しています。最新の情報については、受験年度の受験案内または文部科学省のホームページを確認してください。

本書の特長と使い方

本書は、高卒認定試験合格のために必要な学習内容をまとめた参考書兼問題集です。高卒認定試験の合格ラインは、いずれの試験科目も40点程度とされています。本書では、この合格ラインを突破するために、「重要事項」「基礎問題」「レベルアップ問題」というかたちで段階的な学習方式を採用し、効率的に学習内容を身に付けられるようにつくられています。以下の３つの項目の説明を読み、また次のページの「**学習のポイント**」にも目を通したうえで学習をはじめてください。

重要事項

高卒認定試験の試験範囲および過去の試験の出題内容と出題傾向に基づいて、合格のために必要とされる学習内容を単元別に整理してまとめています。まずは、この「重要事項」で「例題」に取り組みながら基本的な内容を学習（確認・整理・理解・記憶）しましょう。その後は、「基礎問題」や「レベルアップ問題」で問題演習に取り組んだり、のちのちに過去問演習にチャレンジしたりしたあとの復習や疑問の解決に活用してください。

基礎問題

「重要事項」の内容を理解あるいは暗記できているかどうかを確認するための問題です。この「基礎問題」で問われるのは、各単元の学習内容のなかでまず押さえておきたい基本的な内容ですので、できるだけ全問正解をめざしましょう。「基礎問題」の解答は、問題ページの下部に掲載しています。「基礎問題」のなかでわからない問題や間違えてしまった問題があれば、必ず「重要事項」に戻って確認するようにしてください。

レベルアップ問題

「基礎問題」よりも難易度の高い、実戦力を養うための問題です。ここでは高卒認定試験で実際に出題された過去問、過去問を一部改題した問題、あるいは過去問の類似問題を出題しています。「レベルアップ問題」の解答・解説については、問題の最終ページの次のページから掲載しています。

表記について　〈高認 R. 1-2〉＝令和元年度第２回試験で出題
〈高認 H. 30-1 改〉＝平成30年度第１回試験で出題された問題を改題

学習のポイント

高等学校における学習指導要領の変更にともない、高卒認定試験の「生物基礎」の出題範囲にも変更がありました。令和５年度試験までの出題範囲と重複する部分もありますが、「窒素や炭素の循環」など範囲から外れた箇所もあります。本書を用いて最新の学習範囲を把握し、確実な高卒認定合格を掴み取ってください。

生物基礎を学習するうえでのポイント①

本書の章立ては合計５章で構成されています。第１・２章と第４・５章は連続して勉強した方がよい単元ですが、たとえば、第３章から始め、次に第１・２章を取り組む…という順番でも問題はありません。高卒認定試験では各章から必ず出題がありますので、学習しやすい章から始めてみてください。

生物基礎を学習するうえでのポイント②

生物基礎は、実験形式や探求（会話）形式の問題がよく出題されます。これらの問題に慣れるために、本書で取り上げている実験に関する項目に目を通し、理解を深めておきましょう。また、多くの過去問題に触れることも大切です。本書のレベルアップ問題を活用するとともに、文部科学省で公開されている過去問にもぜひ取り組んでみてください。

「関連用語」と「参考」マークについて

関連用語

その単元の内容や項目に関連する用語をまとめています。赤字部分だけでなく、この関連用語も併せて覚えるようにしましょう。

参考

その単元の内容や項目に関するトピックを補足事項として取り上げています。頻出事項ではありませんので、余裕があれば目を通しておきましょう。

第1章
生物の特徴

1. 生物の共通性と多様性

生物は、共通性と多様性の両面をもっています。それらの視点から細胞の構造やはたらきについて確認しましょう。原核生物と真核生物の細胞の大きさの違いも大切ですので覚えておきましょう。

Hop｜重要事項

種（しゅ）

全ての生物は共通の祖先をもちます。そのため、共通性がみられます。たとえば、哺乳類には“乳で子を育てる“という共通性があります。地球上の様々な環境に適応するため、生物は枝分かれ状に進化していき、同じような特徴をもった多様な種が生まれました。地球上で確認されている生物の種は約 190 万種あります。

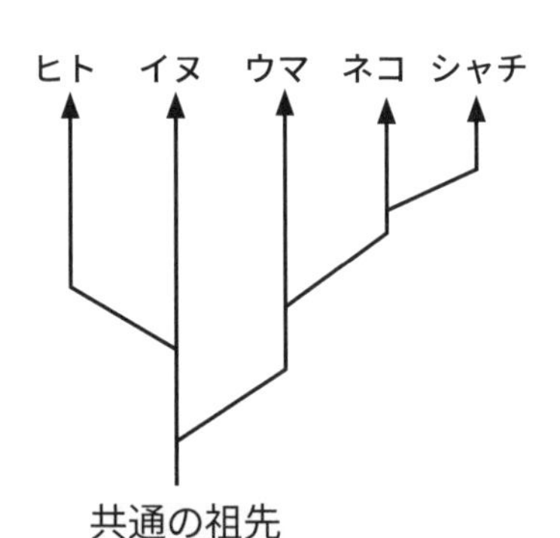

進化の道すじを系統といい、右図のような図を系統樹（けいとうじゅ）といいます。このようにして生物の多様性が生じています。

参考　アブラナ科の植物

ハクサイ・チンゲンサイ・ミズナ・コマツナは、どれもアブラナから品種改良された野菜である。形や味が異なる野菜だが、花の特徴（花の形・色・花びらの数）に共通性が見られる。菜の花とは、アブラナ科アブラナ属の花の総称であり、ハクサイの花もコマツナの花もすべて菜の花である。よって、菜の花という花は存在しない。

【菜の花】

参考　生物の分類学

分類学では、生物は界・門・綱・目・科・属・種の順に分類される。たとえば家畜化された「猫（イエネコ）」は種の名称であり、大きく動物界・哺乳綱・食肉目・ネコ科のように分類される。

【イエネコ】

生物の共通性

すべての生物は、共通の祖先から進化してきました。そのため、現在存在するすべての生物は、共通の祖先がもっていた５つの特徴を受け継いでいます。

《５つの共通項目》

項目	章	ワークブック学習箇所
① 細胞から成り立つ	→ 第１章	
② DNAをもつ	→ 第２章	
③ 自分と同じ個体をつくる（遺伝）	→ 第２章	ワークブック学習箇所
④ 体内環境を一定に保つ（恒常性：[ホメオスタシス]）	→ 第３章	
⑤ エネルギーを利用する（代謝）	→ 第１章	

① 細胞とは、自分と外界を膜によって隔てている構造のことです。

② DNA（デオキシリボ核酸）とは、生物の遺伝情報の本体のことです。生物はこの遺伝情報をもとにつくられます。

③ 遺伝とは、自分と同じ構造をもつ個体をつくるしくみのことです。

④ 恒常性（ホメオスタシス）とは、生物が気温・湿度などの体外環境の変化によらずに体内の状態を一定に保つしくみのことです。

⑤ 代謝とは、体内で物質を合成・分解することで生命活動のためのエネルギーを得ることをいいます

Q.ウイルスって生物？

A.ウイルスは、細胞膜（p. 11参照）は持たずにタンパク質の殻の中に DNA （またはRNA ）だけがあり、ほかの生物の細胞に感染してその生物の代謝系を利用して生きています。①と⑤の項目が欠けていることから非生物とされています。DNAをもっているから生物というわけではありません。

細胞

細胞は、原核(げんかく)細胞と真核(しんかく)細胞に分けられます。

原核細胞

原核細胞は核を持ちません。１本の DNA が細胞を満たす液状の細胞質基質の中に折りたたまれて存在しています。単純な細胞の構造ですが、生物の基本的な特徴はすべて持っています。

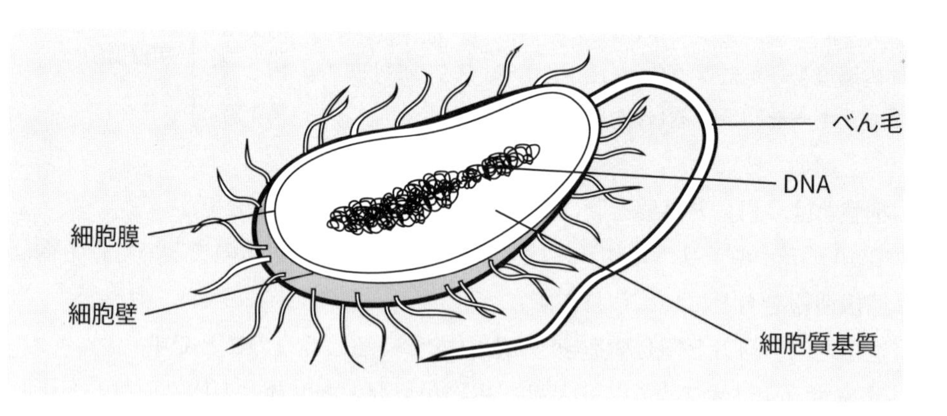

大腸菌・乳酸菌・納豆菌などの細菌類は原核細胞からなる原核生物です。これらの細菌は、真核細胞に比べてとても小さく、数 μm（マイクロメートル：1mm の 1000 分の 1）の大きさです。小さな原核細胞が多数集まって肉眼で確認できる大きさの生物もいます。シアノバクテリア類であるイシクラゲや水前寺海苔などは、その例です。

参 考　イシクラゲ

シアノバクテリアであるイシクラゲはネンジュモ属の一種である。水辺に自生するが、乾燥にも耐える事ができるため、校庭などでもみることができる。

【イシクラゲ】

真核細胞

原核生物と異なり、核と細胞小器官（細胞質基質以外の構造体）をもっています。１つの細胞だけからなる単細胞生物と、多数の細胞が集まって組織をつくる多細胞生物に分類されます。多細胞生物は、多数の組織があつまって器官を作ります。たとえば、筋細胞が集まって筋組織となり、筋組織や上皮組織が集まって胃となります。

◉ 単細胞生物

例 ゾウリムシ・アメーバ・酵母菌（ゾウリムシ・アメーバは池などの水中に生息する微生物）

◉ 多細胞生物

例 ヒト・タマネギ・ミジンコ

真核細胞の構造

真核細胞からなる真核生物は、細胞の内部構造の違いにより、動物を構成する動物細胞と植物を構成する植物細胞に分けられます。

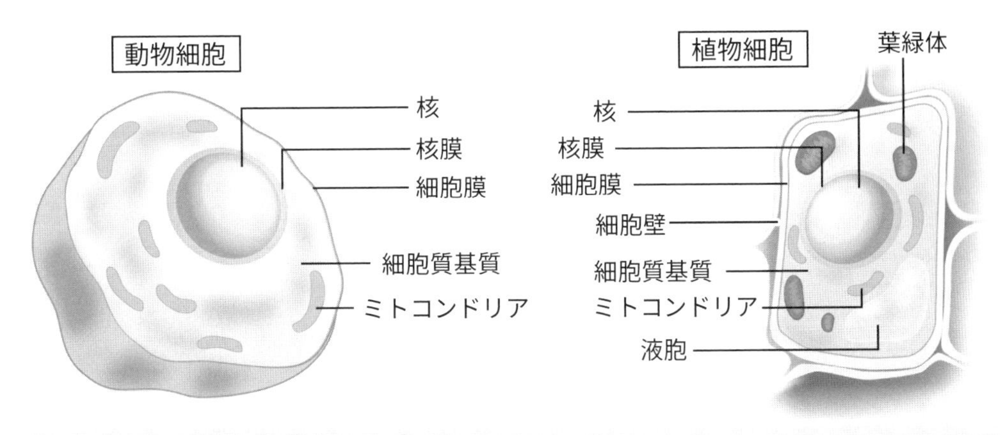

◉ 液胞 …… 養分や老廃物の貯蔵をする。色素を含む
◉ 核 …… 染色体（DNA）がある
◉ ミトコンドリア …… 呼吸によりエネルギーを取り出す
◉ 葉緑体 …… クロロフィルという緑色の色素を含み、光合成を行う
◉ 細胞膜 …… 外界と細胞を隔てる膜。物質の行き来ができる
◉ 細胞壁 …… 細胞の形を維持する役割をもつ。主成分はセルロース
◉ 細胞質基質 …… 細胞内を満たす、液状の成分

酵素についてはp. 25で解説します。主成分はタンパク質。化学反応の合成・分解などを促進するものです。一般的に細胞の核は１つですが、赤血球のように核がないものもあります。

細胞の共通性

下表のように、すべての細胞はDNAと細胞膜をもつという共通の特徴があります。真核細胞の構造は、原核細胞に比べて複雑であることが分かります。柔軟性を保つため動物細胞には細胞壁がありません。光合成を行う葉緑体は植物細胞のみの特徴です。水分や栄養を自由に得ることができない植物細胞は、栄養分の貯蔵のために液胞が発達しています。

内部の構造＼細胞	原核細胞	真核細胞	
		動物細胞	植物細胞
DNA	○	○	○
細胞膜	○	○	○
細胞壁	○	×	○
核	×	○	○
ミトコンドリア	×	○	○
葉緑体	×	×	○
液胞	×	△	○

※液胞は動物細胞にも存在しますが、発達していません。

参考

植物では、成長にともない液胞が細胞の体積に占める割合が大きくなる。液胞には、赤・青・紫などのアントシアンと呼ばれる色素を含むものもある。赤シソや紫キャベツの色は液胞内のアントシアンの色である。

細胞の大きさと顕微鏡

細胞の大きさによって、観察に必要となる顕微鏡（けんびきょう）が異なります。

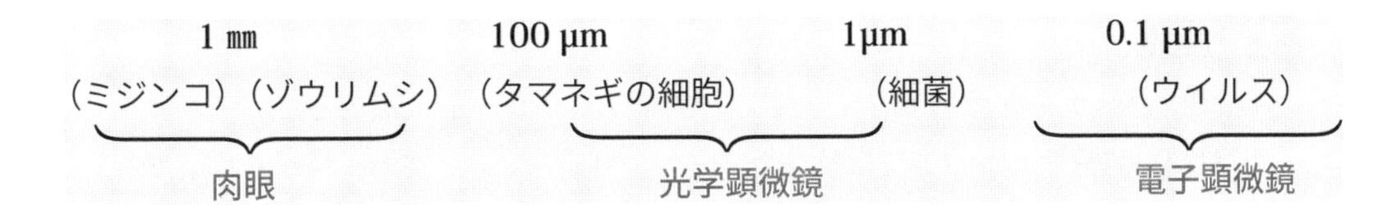

光学顕微鏡は、観測物に光をあてて、レンズにより観測物を拡大して観察します。電子顕微鏡は、光の代わりに電子という微小な粒子を対象物にあてて観察します。電子を使って像を拡大するため、白黒の画像です。細菌は光学顕微鏡で観察できますが、ウイルスは電子顕微鏡でないと観察できません。

参考

mm：ミリメートル	*μm*：マイクロメートル	n：ナノメートル
1 *m* = 1000*mm*	1 *mm* = 1000*μm*	1 *um* = 1000*nm*

《水中の中の微生物》

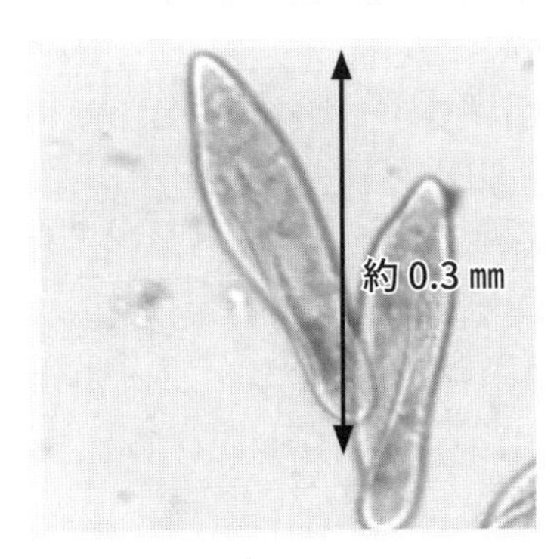

ゾウリムシ

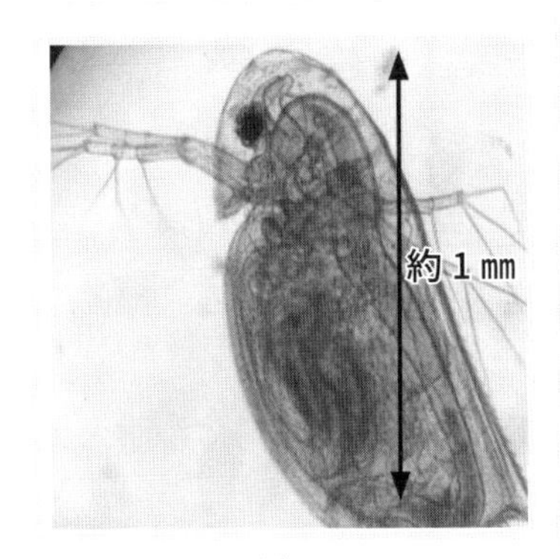

ミジンコ

ゾウリムシやミジンコは肉眼で観察することができます！
私たちが肉眼で見えない大きさの生き物や細胞は、顕微鏡を使うことで観察することができます。次のページで、細胞を観察するための実験方法を学びましょう！

細胞の観察実験

実験方法

① イシクラゲ・乳酸菌・タマネギの表皮をプレパラートに載せる。
② 試料を酢酸オルセイン又は酢酸カーミンで細胞を染色する（→ 核が赤く染まる）
③ 光学顕微鏡で観察する。

結果

光学顕微鏡で以下のような写真が撮影できた。

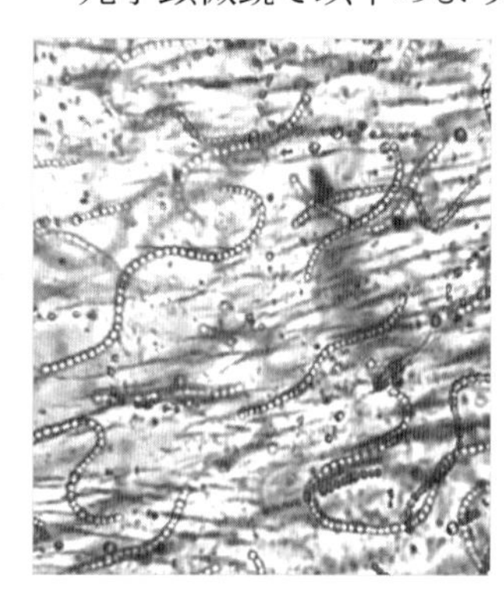

イシクラゲ

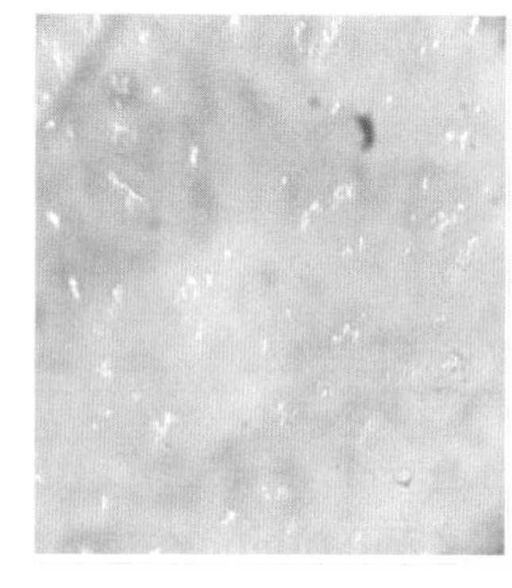

乳酸菌（ヨーグルト）

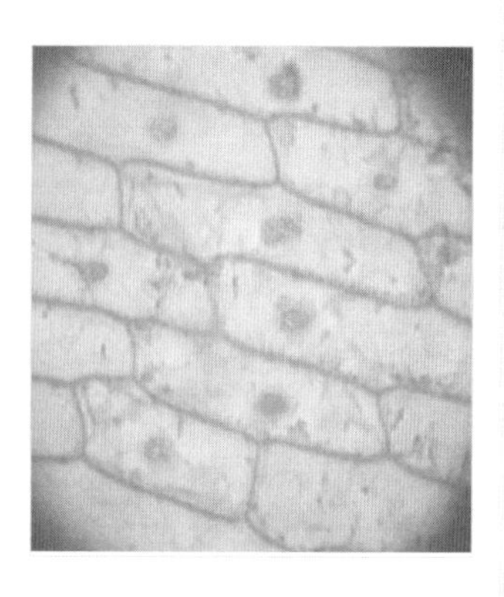

タマネギの表皮

考察

・真核細胞をもつタマネギの表皮の細胞には赤く染色された核が見られた。原核細胞をもつイシクラゲと乳酸菌には見られなかった。
・細胞のサイズは、タマネギ ＞ イシクラゲ ＞ 乳酸菌という大小関係があることがわかった。種によって細胞の大きさが違うことがわかった。

関連用語

◉ プレパラート …… 光学顕微鏡で観察するとき、対象物をのせる薄いガラスの板
◉ 酢酸オルセイン・酢酸カーミン …… 細胞の核を染色するために使われる染色液

(　)問中(　)問正解

■ 各問の空欄に当てはまる語句をそれぞれ①～③のうちから一つずつ選びなさい。

問1　すべての細胞は（　　　　）という外界と隔てる膜につつまれている。
① 細胞質基質　② 細胞膜　③ 細胞壁

問2　生物は、細胞内で物質の合成・分解を行い（　　　　）を得ている。
① 細胞　② 血液　③ エネルギー

問3　生物はエネルギーを利用して生命活動を行う。この化学反応を（　　　　）という。
① 代謝　② 遺伝　③ 進化

問4　生物は（　　　　）をもつ。この遺伝情報により生物の形質が決まる。その形質を子孫に伝える働きもする。
① ADP　② ATP　③ DNA

問5　原核細胞は（　　　　）をもたない。
① 核　② DNA　③ 細胞膜

問6　原核細胞は（　　　　）とリボソームだけが細胞質基質内に存在する。
① 葉緑体　② DNA　③ ミトコンドリア

問7　植物細胞は、細胞膜の外側に主成分がセルロースの（　　　　）が存在する。
① ミトコンドリア　② 液胞　③ 細胞壁

問8　（　　　　）は、細胞内で呼吸によりエネルギーをつくる。
① ミトコンドリア　② 葉緑体　③ 液胞

問1：②　問2：③　問3：①　問4：③　問5：①　問6：②　問7：③　問8：①

問９　（　　　　）は、植物細胞の中で光合成を行う。
① ミトコンドリア　② 葉緑体　③ 液胞

問 10　（　　　　）は植物細胞に多く存在し、糖や無機塩類などの養分が貯蔵されている。
① ミトコンドリア　② 葉緑体　③ 液胞

問 11　細胞内の細胞小器官の間を（　　　　）という液状のものが満たしている。
① 液胞　② 組織液　③ 細胞質基質

問 12　原核細胞と比較して、真核細胞の細胞のサイズは（　　　　）。
① 小さい　② 大きい　③ 変わらない

問 13　１つの細胞からなり、１つの細胞で生命を営んでいる生物を(　　　　)という。
① 単細胞生物　② 真核生物　③ 多細胞生物

問 14　いくつかの細胞が集まって組織や器官をつくり、生命を営んでいる生物を（　　　　）という。
① 単細胞生物　② 真核生物　③ 多細胞生物

問 15　生物を分類する基本単位であり、同じような特徴をもった個体のあつまりを（　　　　）という。
① 系統　② 種　③ 進化

問９：②　問10：③　問11：③　問12：②　問13：①　問14：③　問15：②

（　）問中（　）問正解

■ 次の各問いを読み、問１～８に答えよ。

問１　次の文章は、生物が進化してきた道筋について述べたものである。文章中の空欄 ア と イ に入る語句を、以下の①か②からそれぞれ一つずつ選べ。

〈高認 H. 29-2 改〉

現在地球上にいる生物は ア 祖先を持つと考えられている。生物が世代を重ねていく間に、その遺伝的性質が変化する事を進化という。生物は、ア 祖先から進化し、祖先がもっていなかった新たな性質をもつ生物が出現することで イ 種を生み出してきた。

ア　①　多様な　　②　共通の
イ　①　多様な　　②　共通の

問２　下の表の①～⑦に○か×を入れなさい。

	原核細胞	真核細胞	
		動物細胞	植物細胞
DNA	①	○	○
細胞膜	○	②	③
細胞壁	④	×	○
核	⑤	○	○
ミトコンドリア	×	⑥	○
葉緑体	×	⑦	○

問３　ミトコンドリアのはたらきの説明として適切なものを、下の①～④のうちから一つ選べ。

①　植物細胞にのみ存在する細胞小器官であり、クロロフィルという色素を含む。
②　呼吸によりエネルギーを作り出す。
③　養分の貯蔵や無機塩類の濃度調整を行う。
④　物質を細胞内で輸送したり細胞外に排出したりする。

問４　葉緑体のはたらきとして**適切でないもの**を、下の①～④のうちから一つ選べ。
① 植物細胞のみに存在する。
② 光エネルギーを吸収して光合成を行う。
③ クロロフィルという色素を含む。
④ DNA の遺伝情報に基づいてタンパク質を合成する。

問５　生物に関する説明として**適切でないもの**を、下の①～④のうちから一つ選べ。
① すべての生物は、原核生物か真核生物のいずれかに属する。
② すべての生物は、共通の祖先をもつ。
③ すべての生物は、DNA をもつ。
④ すべての生物は核をもつ。

問６　原核生物を、下の①～⑤のうちから**２つ**選べ。
① ミジンコ
② 酵母菌
③ イシクラゲ（ネンジュモの一種）
④ 大腸菌
⑤ インフルエンザウイルス

問７　光学顕微鏡で**観察できないもの**を、下の①～④のうちから一つ選べ。
① 酵母菌
② ヒト免疫不全ウイルス（HIV）
③ ビフィズス菌
④ ゾウリムシ

問8 次の文章はヒトの口腔上皮、イシクラゲ（ネンジュモ）、オオカナダモの葉の３つの試料を光学顕微鏡で観察した記録である。試料A・B・Cに当てはまる細胞を、以下の①～③からそれぞれ一つずつ選べ〈高認 H. 28-1 改〉

試料Aは、輪郭が不規則な細胞が観察された。また、酢酸カーミン溶液で染色すると、赤く染色された球形の構造がすべての細胞に確認できた。
試料Bは、輪郭がはっきりした多数の細胞が密着した状態で観察され、細胞内に緑色の小さな粒状の構造が多数観察された。
試料Cは、非常に小型の細胞が直鎖状につながったものが観察された。また、酢酸カーミン溶液で染色したが細胞内に球形の構造は確認できなかった。

① ヒトの口腔上皮
② イシクラゲ
③ オオカナダモの葉

解答・解説

問1　ア：②　イ：①

生物は、共通の祖先から多様な種に進化しています。

問2：①：○　②：○　③：○　④：○　⑤：×　⑥：○　⑦：×

真核細胞・原核細胞にはDNAと細胞膜をもつという共通性があります。真核細胞である植物細胞・動物細胞には、核とミトコンドリアがあるという共通性があります。

問3：②

ミトコンドリアは、呼吸によりエネルギーを作り出します。

問4：④

植物細胞にのみ存在する葉緑体は、クロロフィルという色素を含み、光エネルギーを吸収して光合成を行います。

問5：④

原核生物は核をもちません。

問6：③・④

原核生物は、イシクラゲ・大腸菌です。酵母菌は真核生物です。酵母菌は、パン・酒・醤油などの発酵に利用されます。インフルエンザウイルスは非生物となります。

問7：②

ウイルスのサイズは約0.1μmです。光学顕微鏡で観察できる限界は約0.2μmなので、観察する事ができません。

問8　試料A：①　試料B：③　試料C：②

試料Aのヒトの細胞は、細胞壁がないため輪郭が不規則な細胞です。酢酸カーミン溶液で赤く染色される球状のものは真核細胞の核です。輪郭がはっきりした細胞が並ぶのは植物細胞です。よって試料Bはオオカナダモの葉です。緑色の粒状のものは葉緑体です。試料Cの小型の細胞が直鎖状に並ぶのは原核細胞であるイシクラゲです。細胞の大きさは真核細胞に比べて小型です。

2. エネルギーと代謝

この単元では、生物が活動するために必要なエネルギーの生産方法について学びます。呼吸と光合成のしくみを理解し、代謝にかかわっている酵素の特徴やはたらきについて説明できるようにしましょう。

Hop 重要事項

生体間のエネルギーと代謝

すべての生物はエネルギーを利用して生命活動を営んでいます。生体内で物質の合成や分解などの化学反応を行い、エネルギーを取り出す仕組みを代謝といいます。代謝には、無機物（水や二酸化炭素のような単純で小さな物質）から有機物（糖のような複雑で大きな物質）を作り出しエネルギーを蓄える同化（どうか）と、有機物を無機物に分解してエネルギーを取り出す異化（いか）があります。

《 代謝の流れ 》

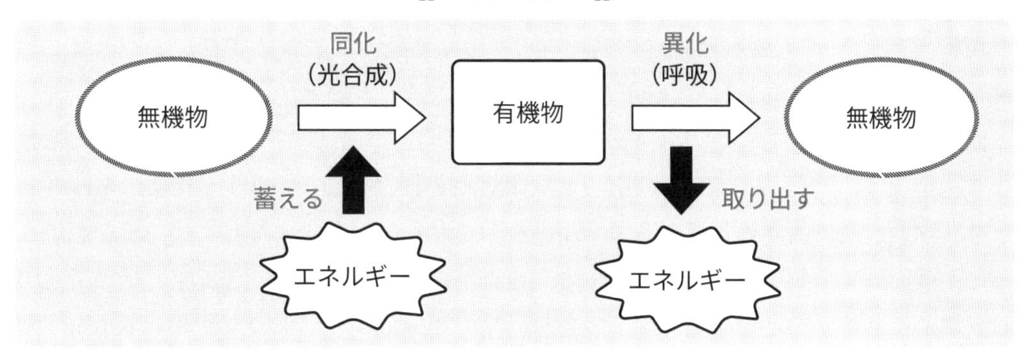

有機物とは、主に生体内で作り出される物質です。タンパク質・糖・炭水化物などがあります。無機物とは有機物以外の物質で、二酸化炭素・水・酸素・金属などです。無機物は粒子の集まりが少なく単純なもの、有機物は粒子の集まりが多く複雑なものです。

小さいもの（無機物）から大きいもの（有機物）を組み立てるとき（＝同化）にはエネルギーが必要です。また、大きいもの（有機物）から小さいもの（無機物）に分解する（＝異化）ときにエネルギーが放出されます。このような仕組みを利用して、生物はエネルギーを得ています。

同化や異化による合成や分解は化学反応によるものです。これらの化学反応は**酵素**（こうそ）によって促進されます。

同化の代表的な反応を**光合成**（p. 27 参照）といいます。光合成は、光エネルギーを利用して無機物から有機物を合成します。一方、異化の代表的な反応を**呼吸**といい、酸素を用いて細胞内の有機物を無機物に分解し、エネルギーを取り出します。

ATP（アデノシン三リン酸）

動物が食べた物に含まれる化学エネルギーは、**ATP（アデノシン三リン酸）**として蓄えられ、必要に応じて運動エネルギーや熱エネルギーに変換されます。この ATP は、**塩基（アデニン）と糖とリン酸（P）**という構造をしています。

《アデノシン三リン酸》

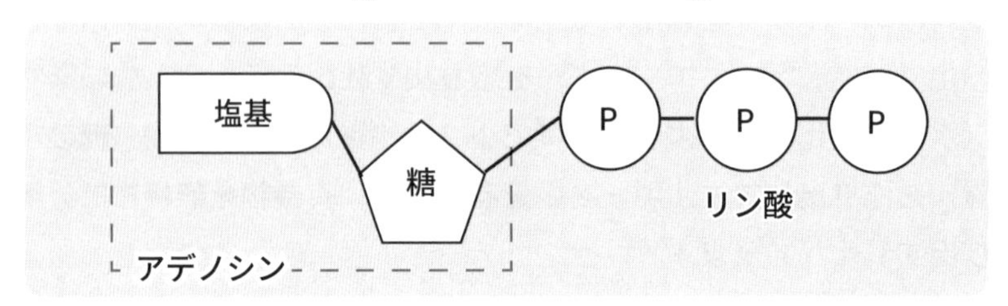

塩基（アデニン）と糖の部分をまとめてアデノシンといいます。アデノシンと３つのリン酸がつながった形をしているので、アデノシン三リン酸といいます。

同化・異化において、エネルギーは必ず ATP の化学エネルギーに変換して蓄えられます。生物は、合成した ATP を利用して生命活動をおこなっています。**化学エネルギー**とは、物質自身に蓄えられているエネルギーのことをいいます。たとえば、紙を燃焼すると、紙に蓄えられている化学エネルギーを外部に取り出す事ができます。紙が炎を出して燃えるとき、熱と光が出ます。つまり、紙の燃焼により以下のようなエネルギーの変換が行われているということになります。

紙の化学エネルギー ➡ 光エネルギー ＋ 熱エネルギー

塩基と糖とリン酸の構成単位のことを**ヌクレオチド**といいます。

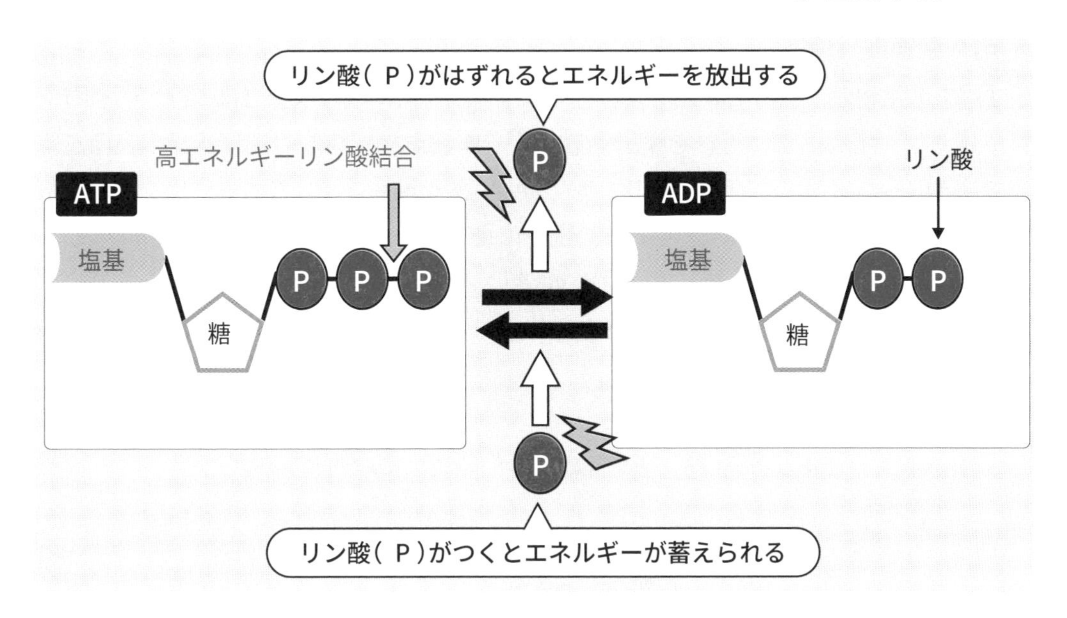

エネルギーは、ATP 中のリン酸の結合部分（2 番目のリン酸と 3 番目のリン酸をつなぐ腕の部分）に蓄えられます。この結合部分を**高エネルギーリン酸結合**といいます。ATP におけるリン酸の結合部分が分解されるときにエネルギーが放出されます。このエネルギーは、生物で体内の物質合成や筋収縮などのエネルギーとして使われています。ATP が分解すると、**ADP（アデノシンニリン酸）**とリン酸になります。エネルギーのやり取りにより ATP ⇔ ADP と状態が変化します。さまざまな物を買う事ができるお金に例えて、ATP は**エネルギーの通貨**とも呼ばれています。

ATP は、原核生物・真核生物全ての生物が共通してもつ物質です。この ATP の合成や分解は、真核生物の場合、ミトコンドリア内で行われます。

参 考

ヒトは、１日に自分の体重と同等程度の重さの ATP を生成して消費している。しかし、体内にある ATP は数百 g しかないため 1 日数百回以上 ATP ⇔ ADP の変換が行われていることになる。

アデノシンニリン酸は、リン（P）が2つ（ダブル）でついているので、ADP、アデノシン三リン酸はリン（P）が3つ（トリプル）でついているので、ATPと覚えると良いですよ！

ATP 拭き取り検査

すべての生物の細胞内にはATPが存在します。ATP拭き取り検査とは、これを利用し、目に見えない生物由来の汚れを検出する方法です。まな板などの調理器具の表面を綿棒で拭き取った試料に、ATPを抽出するための試薬を加えます。これを、ホタルが持っているATP発光物質と反応させると、試料に含まれるATP量に応じて光が発生します。この発光量を測定することで、汚れの度合いを測定することができます。このとき、調理器具に細菌などの生物が存在すると検出されるATP量が増加します。

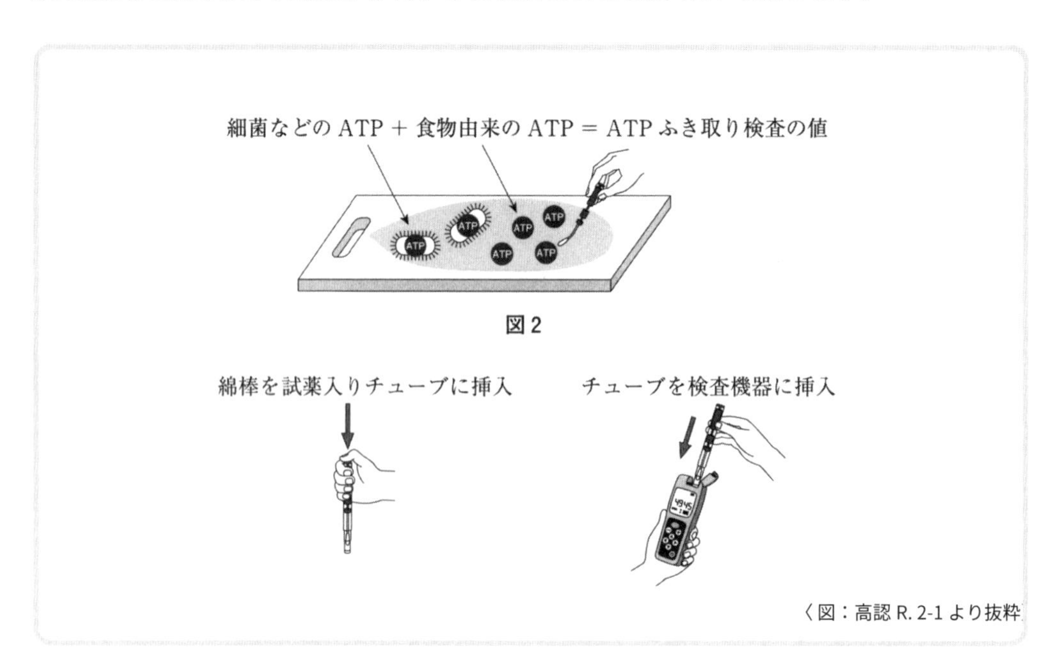

図２

〈図：高認 R. 2-1 より抜粋〉

> **参考　ATP 発光物質って？**
> ホタルはお尻部分に発光物質（ATP 発光物質：ルシフェリン）と酵素を持っている。この発光物質に生体内の ATP のエネルギーを加えると発光する。ホタルの光にも ATP が関わっている。

酵素（こうそ）

化学反応とは、ある物質が異なる物質に変化することです。細胞の中では多くの化学反応が生じています。化学反応の前後で、化学反応を促進する働きをもつものを触媒（しょくばい）といいます。触媒のうち、酵素（こうそ）はおもにタンパク質でできており、細胞内で代謝を促進するはたらきをします。消化、呼吸、光合成など生体内のさまざまな化学反応において、酵素は触媒としてはたらいています。

酵素がはたらきかける物質を基質といいます。酵素は基質に対して次のようにはたらきます。

①物質AとBが結びつく
②基質と結合できる活性部位が鍵穴のようになっていて、それに合う基質と結びつく
③基質ABは酵素により、生成物C、Dに変化すると酵素から離れる
④新たな基質が結合することで反応が繰り返される

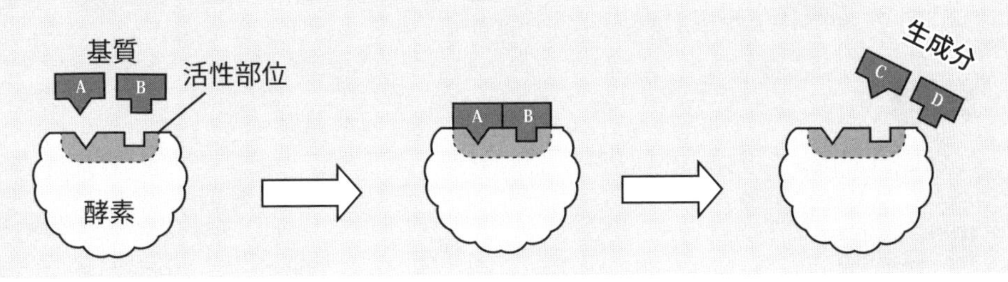

酵素は化学反応を促進しますが、自分自身は変化せず、くり返しはたらくことができます。

酵素と基質の結合する部分（活性部位）は鍵と鍵穴のようになっています。ぴったり合う基質でしか酵素とは結合ができません。これを酵素の**基質特異性**といいます。たとえば、唾液に含まれるアミラーゼは炭水化物を分解する酵素なので、タンパク質や脂質を分解することはできません。

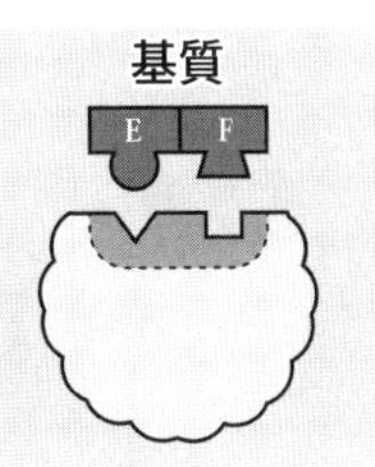

また、酵素はタンパク質でできているため、温度が高くなりすぎたり低くなりすぎたりするとはたらきが弱くなります。生体内の酵素は、体温で最適にはたらくようにできています。最も反応が速くなる温度を最適温度といいます。

また、酵素のはたらきは、反応する環境のpH（ピーエイチ）（酸性・アルカリ性の度合い）からも影響を受けます。反応速度が最も速くなるpHの値を最適pHといいます。たとえば、胃液に含まれるペプシンという酵素は、pH = 2の酸性下で最もよく働きますが、pH = 7の中性下では働きが弱まります。

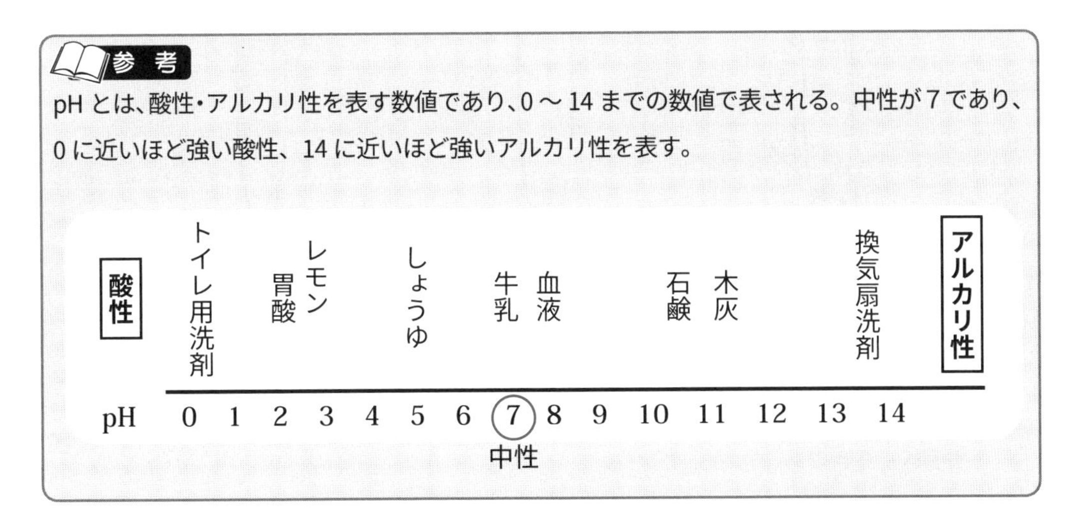

触媒（酵素）の確認実験

生物は、呼吸の過程において過酸化水素（活性酸素）を発生させます。過酸化水素は生体にとって害のある物質なので、体内で分解しなければなりません。そのため、細胞内に多く存在するカタラーゼという酵素が過酸化水素の分解を促進しています。以下は、カタラーゼが過酸化水素を分解する実験です。

目的

触媒（酵素）の働きを確認する。

実験手順

① 試験管Ａ・Ｂ・Ｃに３％過酸化水素水を入れる。
② 試験管Ａにレバー（肝臓片）、試験管Ｂに酸化マンガン（二酸化マンガン）を入れる。試験管Ｃには何も入れない。

結果

・試験管Ａ・Ｂともに気泡（酸素）が大量に発生した。
・試験管Ｃは気泡が発生しなかった。

考察

酸化マンガンとレバーを加えると、過酸化水素の分解が急速に進んだことがわかった。酸化マンガンは無機物の触媒、レバーはカタラーゼを含む有機物の触媒である。無機物でも有機物でも同じように触媒としてはたらくことがわかった。

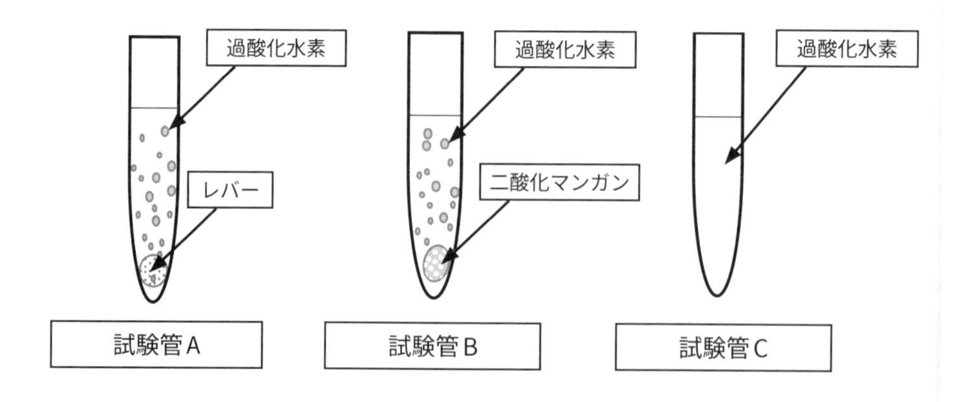

A・Bの試験管において、反応が収まった後に過酸化水素をつぎたすと、再び気泡が発生します。これは、触媒が反応の前後で変化せず、繰り返し化学反応を促進するはたらきがあるためです。

光合成と呼吸

植物は太陽からの光エネルギーを利用して光合成を行います。光合成とは、光エネルギーと無機物である二酸化炭素と水を利用して、酸素と有機物である栄養分（糖）を作り出すしくみのことです。

動物は植物が作り出した栄養分と酸素を食事によって取り込み、呼吸において有機物を分解して生命活動に必要となるエネルギーを取り出しています。植物は同化・異化の両方を、動物は異化だけを行っています。

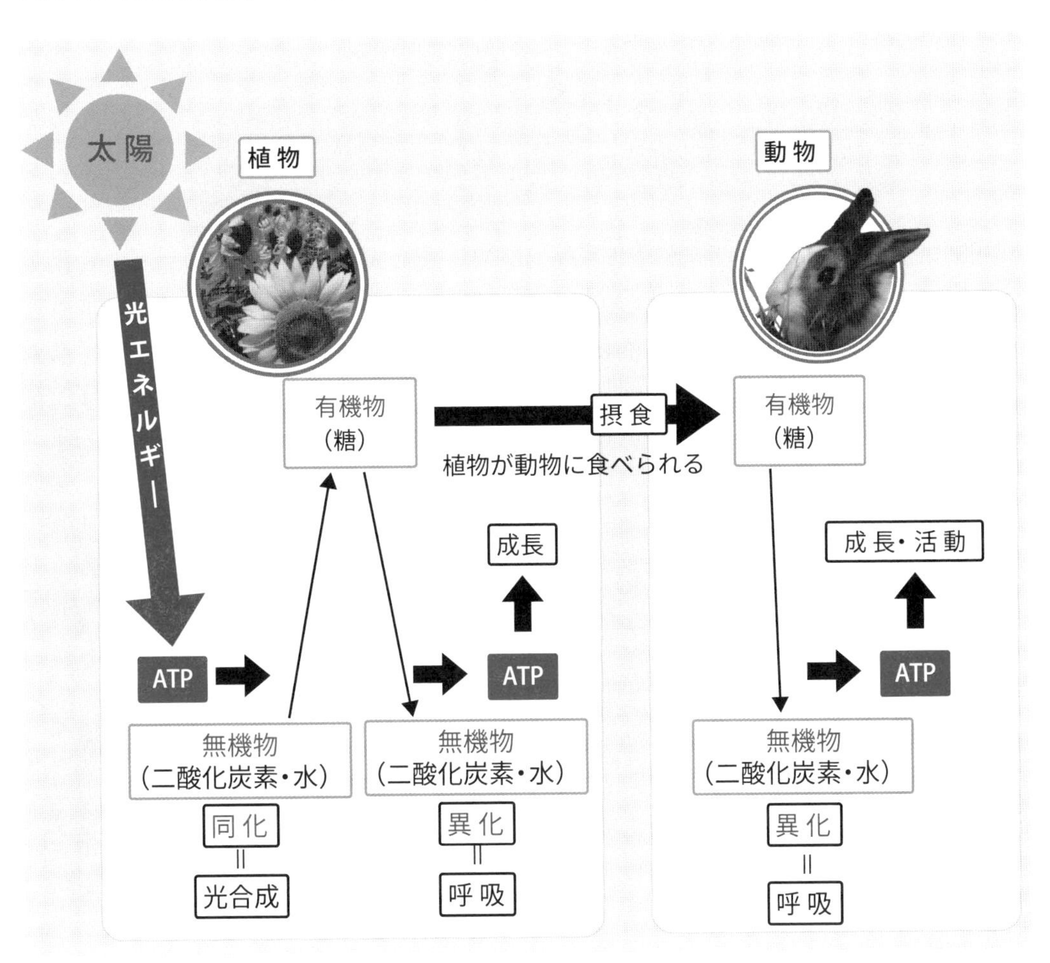

光合成

光エネルギーを用いて、二酸化炭素と水から有機物（糖）を合成して酸素を生成することを光合成といいます。光合成は植物が行います。

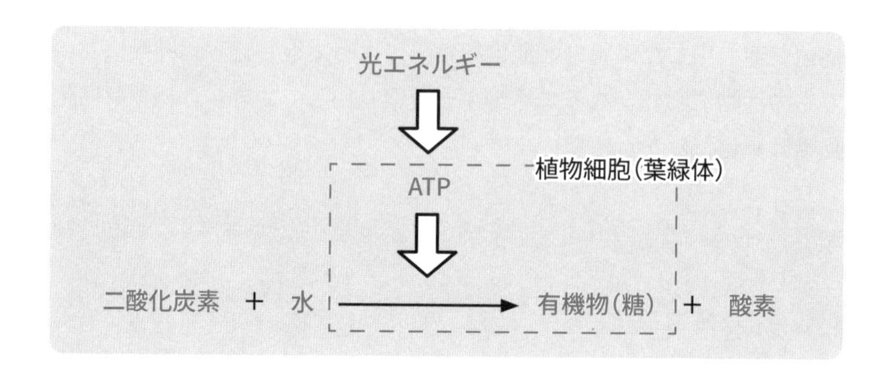

植物によって吸収された光エネルギーは、ATP を合成することによりいったん化学エネルギーに変換されます。この ATP の化学エネルギーを利用して、外部から取り込んだ二酸化炭素や水を原料にして有機物（糖）を合成します。そして、その過程で酸素が生成されます。真核生物（植物細胞）における**光合成は葉緑体**でおこなわれます。葉緑体は緑色をしています。これは、葉緑体にクロロフィルという色素があるためです。

右の図はオオカナダモの細胞です。たくさんの丸い粒々が葉緑体で、緑色をしています。土壌中の根と比較して、日の当たる葉の方が、光合成を行うためたくさんの葉緑体がみられます。

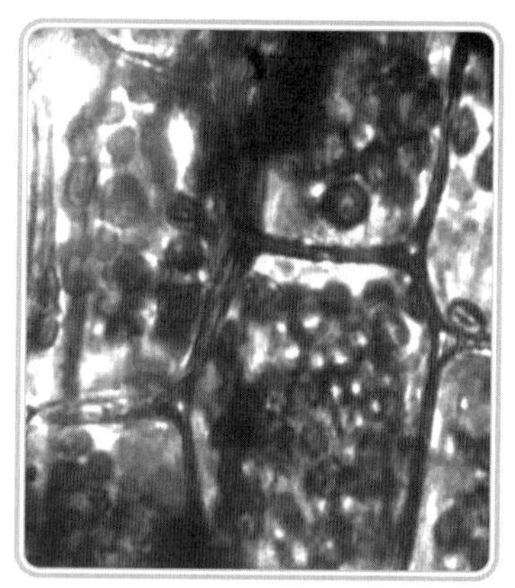
【オオカナダモの葉の葉緑体】

原核生物のシアノバクテリアは、細胞質基質にある光合成に関係する酵素のはたらきで光合成を行っています。

光合成に関する観察実験

目的

光合成により有機物が作られることを確認する。

実験手順

① 葉の一部をアルミ箔で覆い、直射日光に半日当てる。
② 葉をエタノールに漬ける（脱色する）。
③ ヨウ素液（ヨウ素ヨウ化カリウム水溶液）に浸す。
④ 葉の色の変化を観察する。

実験結果

アルミ箔で覆っていない部分は、葉の色が青紫色に変化した。（ヨウ素デンプン反応）。つまり、日光に当たっている部分はでんぷんができていることが分かった。

考察

日光が当たっている部分では光合成（同化）により糖（デンプン）が作られている。

ジャガイモの葉の一部をアルミ箔で覆う。

葉を温めたエタノールの中に入れて
葉の色を脱色する
（色の変化を分かりやすくするため）

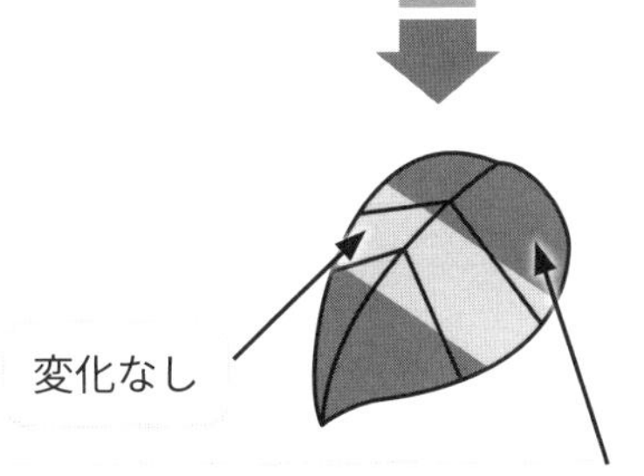

変化なし

アルミ箔で覆っていない部分は青紫色に染まった

関連用語

◉ ヨウ素デンプン反応 …… デンプンとヨウ素液が反応すると青紫色になる反応。

呼吸

有機物を分解し、エネルギーを得ることを**呼吸**といいます。この時、二酸化炭素と水も生成されます。呼吸の化学反応はさまざまな酵素により促進されています。取り出したエネルギーでATPを合成し、エネルギーを蓄えます。

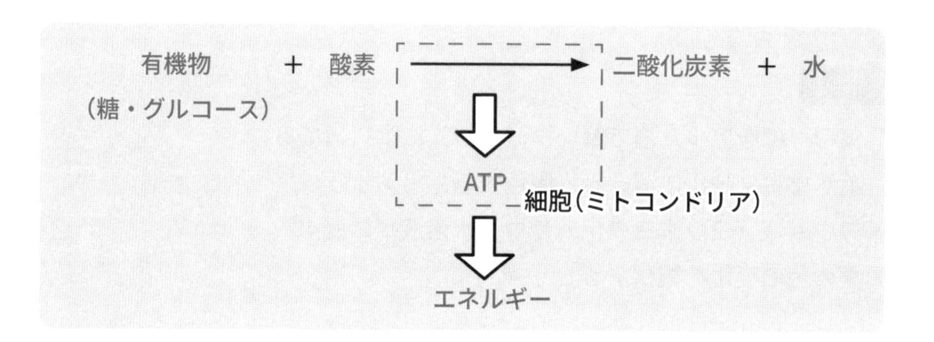

すべての生物は、呼吸によって取り出したエネルギー（ATP）を使って、筋肉の収縮や発熱等のさまざまな生命活動を行います。原核生物では、細胞質基質内の酵素のはたらきにより呼吸がおこなわれています。真核生物では、細胞に有機物が取り込まれると、ミトコンドリア内のATP合成酵素によって反応が進みます。

生物の呼吸は、肺呼吸（外呼吸）と細胞呼吸（内呼吸）に分けられます。外呼吸とは、肺やえらから外界の酸素を吸収して二酸化炭素を放出することです。生物基礎では細胞呼吸のことを呼吸とよびます。

参　考

土壌中など酸素がほとんどない場所にいる微生物は、酸素なしで有機物を分解し、エネルギーを取り出してATP合成をおこなう事ができる。その中でも乳酸菌などの微生物は、有機物を分解してエネルギーを取り出す過程で、ヒトにとって有用な物質をつくりだしている。これを発酵（はっこう）とよぶ。

参 考 細胞内共生説

約 40 億年前、地球上に原核生物が出現した。そして約 20 数億年前、真核生物が出現した。真核細胞内のミトコンドリアや葉緑体は、原核細胞が他の原核細胞に入って共生(きょうせい)したものと言われている。これを細胞内共生説という

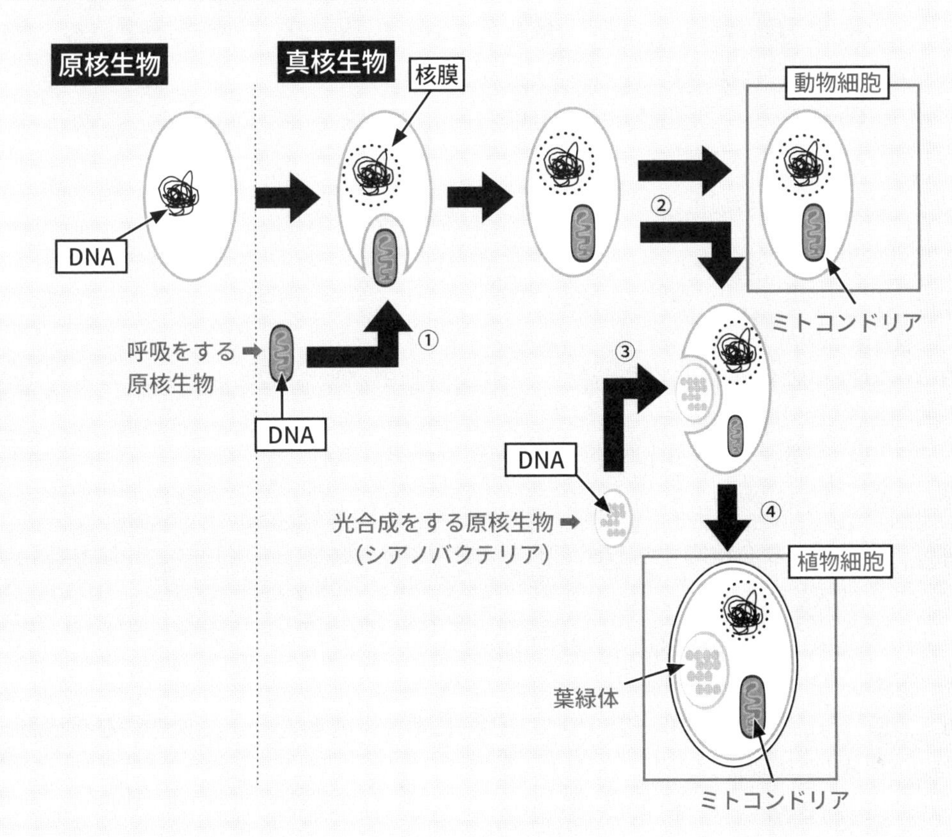

① 原核生物に、呼吸を行う原核生物が入り込み共生する

② 共生した呼吸をする原核生物がミトコンドリアとなる

③ さらに、光合成をおこなう原核生物が細胞内に入り込み共生する

④ 共生した光合成をする原核生物が葉緑体となり植物細胞となる

細胞内共生説の根拠

① ミトコンドリアと葉緑体には、膜が 2 枚ある。この膜は、もとの原核生物に入り込むときに細胞膜を取り込みながら入り込んだためと考えられている

② ミトコンドリアと葉緑体はそれぞれ独自の DNA を持っている。これにより、独自に分割し増殖することができる

Step ｜基礎問題

（　　）問中（　　）問正解

■ 各問の空欄に当てはまる語句をそれぞれ①～③のうちから一つずつ選びなさい。

問１　生物内では、物質の合成や分解などさまざまな化学反応が行われている。これを（　　　　）という。

① 遺伝　② 伝達　③ 代謝

問２　植物は、光合成により無機物から有機物を合成している。これを（　　　　）という。

① 同化　② 異化　③ 代謝

問３　植物や動物が有機物を分解し、生命活動に必要なエネルギーを得ることを（　　　　）という。

① 同化　② 異化　③ 代謝

問４　呼吸により有機物から放出されたエネルギーは、（　　　　）と呼ばれる物質を合成し蓄えられる。

① ADP　② ATP　③ DNA

問５　植物は、光エネルギーを（　　　　）に蓄え、それをもとに無機物を有機物に合成している。

① DNA　② ATP　③ RNA

問６　ATPは（　　　　）にリン酸を一個つけて作られる。

① DNA　② ADP　③ RNA

問７　ATP内の、リン酸の間の結合を（　　　　）という。

① 高エネルギー結合　② 高リン酸結合　③ 高エネルギーリン酸結合

問８　ATPは、生体内のエネルギーのやり取りをする物質なので、（　　　　）ともいわれている。

① エネルギーの切符　② エネルギーの通貨
③ エネルギーの標識

解答

問１：③　問２：①　問３：②　問４：②　問５：②　問６：②　問７：③　問８：②

問 9　真核細胞内で呼吸が行われる細胞小器官を（　　　　）という。
① 葉緑体　② リボソーム　③ ミトコンドリア

問 10　真核細胞内で光合成が行われる細胞小器官を（　　　　）という。
① 葉緑体　② リボソーム　③ ミトコンドリア

問 11　化学変化の前後でそれ自身は変化することなく、化学反応を促進する物質を（　　　　）という。
① 触媒　② 核　③ 基質

問 12　触媒のうち、タンパク質でできているものを（　　　　）という。
① 窒素　② 酵素　③ 酸素

問 13　酵素は、特定の物質のみにはたらきかける（　　　　）という性質を持つ。
① 基質特異性　② 最適温度　③ 最適 pH

問 14　酵素による反応において、温度が最適温度より高くなりすぎると反応速度が（　　　　）なる。
① 遅く　② 速く　③ 変化しなく

問 15　酵素による反応は、反応する環境が酸性かアルカリ性かによって反応速度は（　　　　）特性がある。
① 変わらない　② 変わる　③ 消失する

答

問9：③　問10：①　問11：①　問12：②　問13：①　問14：①　問15：②

Jump｜レベルアップ問題

（　）問中（　）問正解

■ 次の各問いを読み、問１～４に答えよ。

問１　ADP を表している模式図として適切なものを、下の①～③のうちから一つ選べ。

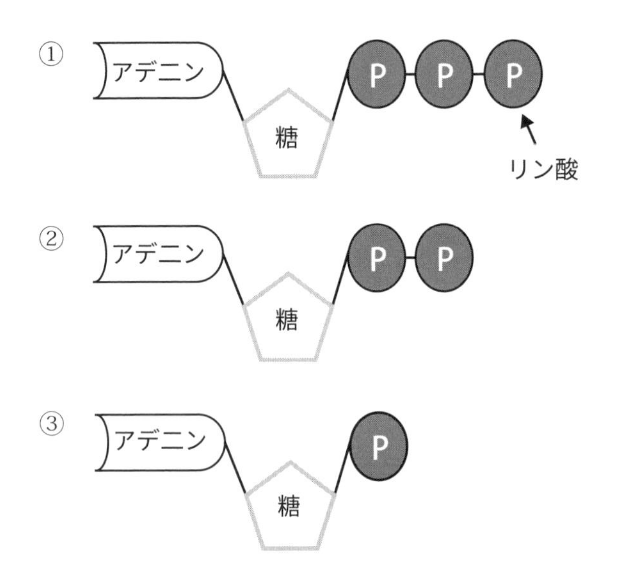

問２　生物の呼吸において以下の式がなりたつ。（ア）（イ）（ウ）に当てはまるものとして適切なものを、下の①～④のうちからそれぞれ一つずつ選べ。

（ア）＋　酸素　⇒　二酸化炭素　＋　（イ）　＋　（ウ）

① 糖（グルコース）
② 水
③ 光エネルギー
④ 化学エネルギー（ATP に蓄えられる）

問３　ATP について述べた文章として**適切でないもの**を、下の①～④のうちから一つ選べ。

① 生命活動に必要なエネルギーの出入りは、ATP を仲立ちとして行われる。
② ATP はすべての生物が共通にもつ物質である。
③ 光合成の過程で、光エネルギーを利用し ADP とリン酸から ATP が合成される。
④ ATP のリン酸どうしの結合が切れると、ADP とリン酸に分かれてエネルギーが吸収される。

問4　次の文章の空欄［エ］～［カ］に当てはまるものを、下の①または②からそれぞれ一つ選べ。〈高認 H. 29-1 改〉

> 細胞を構成している物質は常に同じ状態にあるわけではなく、分解されたり、合成されたりする。そのような反応を合わせて［エ］という。このうち［オ］は有機物の持つエネルギーを取り出す反応であり、そのエネルギーを様々な生命活動に利用している。真核生物では、［オ］は主に細胞内の［カ］で行われている。

［エ］① 消化　② 代謝
［オ］① 呼吸　② 光合成
［カ］① 葉緑体　② ミトコンドリア

■ 次の文章を読み、問5～7に答えよ。

> 光エネルギーを用いて有機物がつくられる事を確認する実験を行った。葉の一部をアルミ箔で覆い、日光に当てて数時間放置した。その後、覆いを外しエタノールで葉の色の脱色を行った。それを［ク］に浸し、葉に含まれる［ケ］を染めた。<u>アルミ箔で覆いをしていない部分は色が変わり、覆いをした部分は色が変わらなかった。</u>

問5　文章中にある空欄［ク］に当てはまるものとして適切なものを、下の①～③のうちから一つ選べ。
① ギムザ染色液
② ヨウ素ヨウ化カリウム水溶液（ヨウ素液）
③ 酢酸オルセイン

問6　文章中にある空欄［ケ］に当てはまるものとして適切なものを、下の①～③のうちから一つ選べ。
① デンプン　② 葉緑体　③ 核

問7　下線部分より分かる事として適切なものを、下の①～④のうちから一つ選べ。
① 日光に当たらなかった部分にデンプンが生成された。
② 日光に当たった部分にデンプンが生成された。
③ すべての部分で同じようにデンプンが生成された。
④ どの部分も変化はなかった。

■ 次の文章を読み、問８に答えよ。

問８　次の文章は酵素についての実験についてまとめたものである。文章中の空欄 コ と サ に入る語句として適切なものを、下の①〜②のうちからそれぞれ一つずつ選べ。〈高認 H. 29-1 改〉

> 今回の実験で使用した酵素は肝臓片に含まれるカタラーゼです。試薬は、過酸化水素水を使用しました。
>
> まず、試験管の中に肝臓片を入れ、その中に過酸化水素水を加えました。その結果、激しく反応がおこり泡が出ました。しばらく置き、反応が終わってからもう一度過酸化水素水を加えると再び激しく反応がおこりました。次に、反応の終わった試験管に肝臓片を加えましたが、反応はおこりませんでした。
>
> この結果から分かることは、「酵素は コ 」ということです。反応が終わった試験管に肝臓片を加えても反応がおこらなかったのは、「試験管内の サ 」からだと考えられます。実験の様子を下図にまとめました。

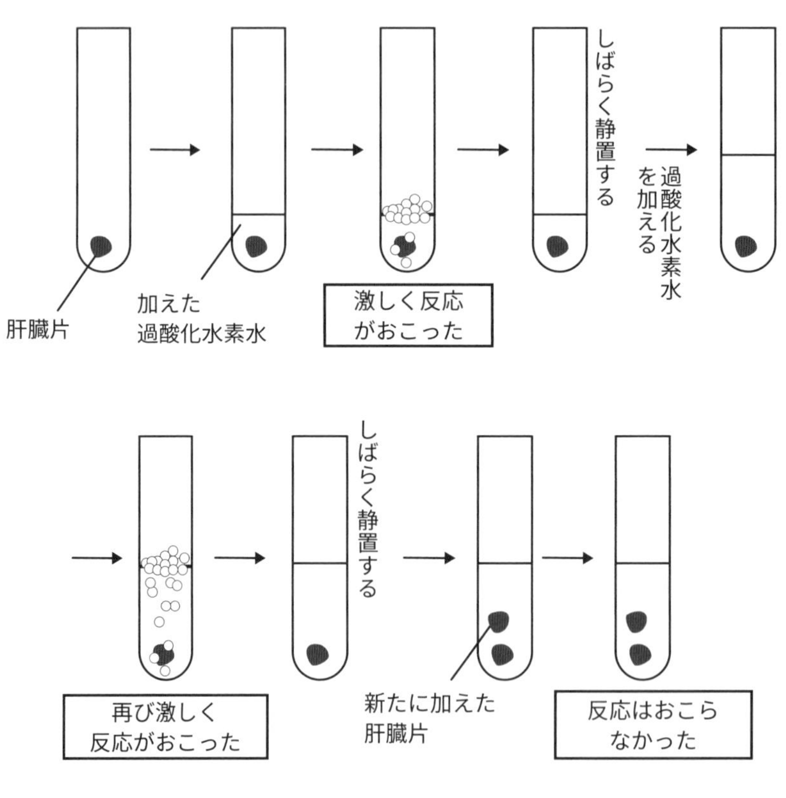

コ　① 繰り返しはたらくことができる。
　　② タンパク質が主成分である。

サ　① 酵素の構造が変化した。
　　② 過酸化水素がすべて分解された。

■ 次の文章を読み、問９に答えよ。

問９　次の図は、一般的な植物が生命活動を行う際の細胞内のエネルギーと物質の流れを示した模式図である。正しい図を、次の①～④のうちから一つ選べ。

〈高認 R. 2-1 改〉

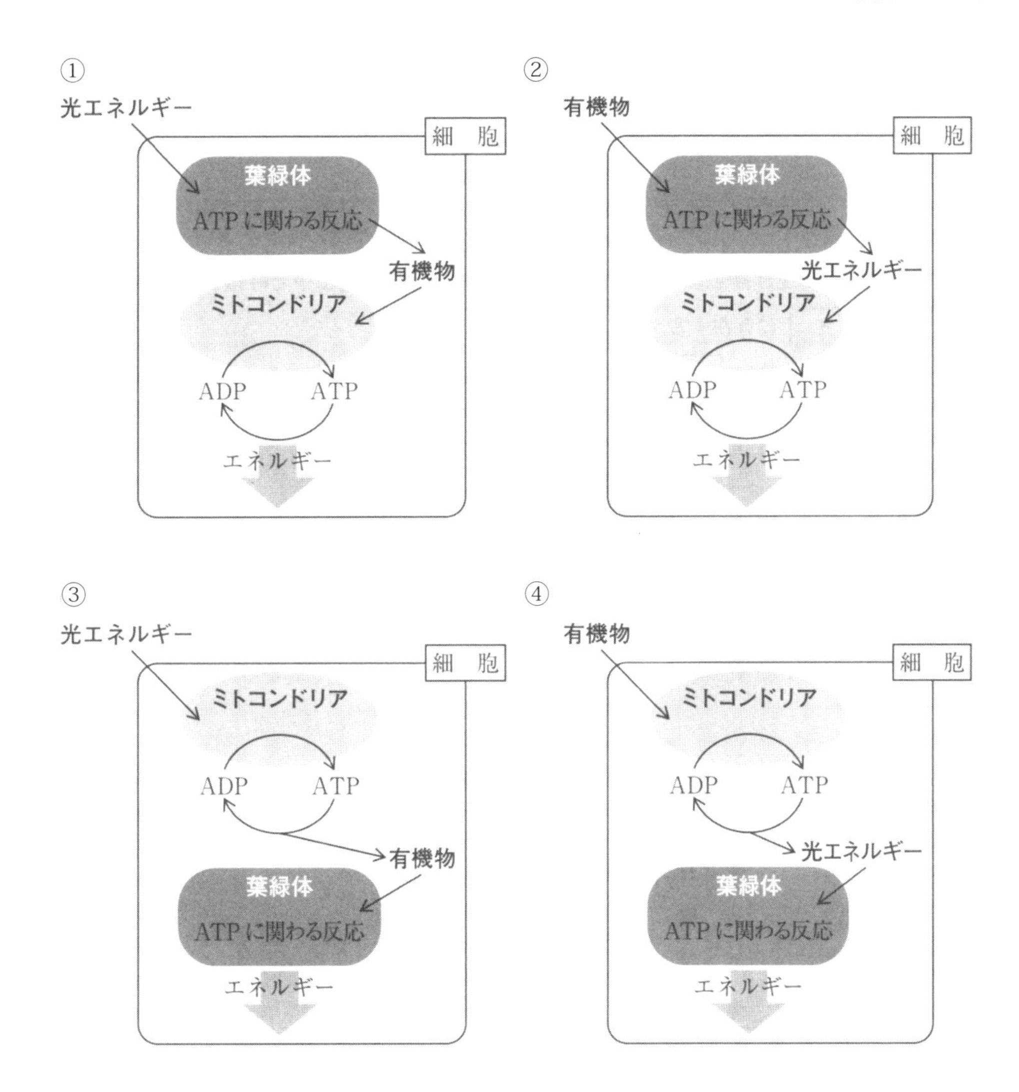

解答・解説

問１：②

ADP は、“塩基—糖—リン酸２つ” という構造をしています。

問２：ア：①　　イ：②　　ウ：④（イ・ウは順不同）

酸素を用いて細胞内で有機物を分解し、生じるエネルギーを用いて ATP を合成するはたらきを呼吸といいます。有機物を分解する過程で二酸化炭素と水が反応産物として生じます。

問３：④

生物は、呼吸（異化）によって放出されたエネルギーを ATP にいったん蓄えて、必要に応じて ATP を ADP とリン酸に分解してエネルギーを取り出しています。

問４：エ：②　　オ：①　　カ：②

生体内でおこる異化・同化を代謝といいます。呼吸は、有機物のエネルギーを取り出す反応です。呼吸はミトコンドリア内で行われます。

問５：②
問６：①
問７：②

ヨウ素ヨウ化カリウム水溶液（ヨウ素液）は、葉のデンプンを青紫色に染めます。これをヨウ素デンプン反応といいます。

問８：コ：①　　サ：②

化学反応の前後でそれ自身は変化せず、化学反応を促進する物質を触媒（酵素）といいます。触媒（酵素）は繰り返しはたらくことができます。

問９：①

植物は細胞内の葉緑体が外部の光エネルギーを利用して ATP をつくり出し、そのエネルギーを使って有機物を合成します（光合成）。一方、ミトコンドリアでは有機物を分解する過程で ADP から ATP をつくり、そのエネルギーを生命活動に用いています。したがって、正解は①となります。

第2章
遺伝子とその働き

1. DNAの構造

ヌクレオチドの形・塩基対の組み合わせをしっかり覚えましょう。
DNA・染色体・遺伝子・ゲノムの違いを理解しましょう。

Hop｜重要事項

DNA

すべての生物がもつ遺伝情報の本体を、DNA（デオキシリボ核酸（かくさん））といいます。DNAは真核生物の核の中に含まれる染色体を構成しており、DNAには生物をつくるすべての遺伝情報が含まれています。DNAの構造は、規則的に並んだヌクレオチドが鎖のようにつながったヌクレオチド鎖の２本が規則的にねじれて２重らせん構造をしています。

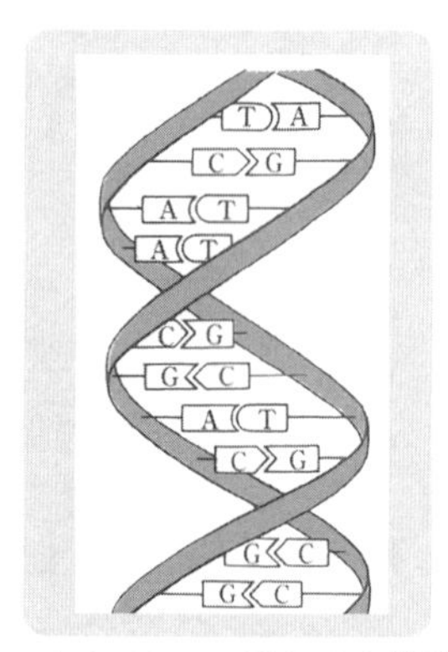

▲DNAの二重らせん構造

DNAの基本単位：ヌクレオチド

リン酸・糖・塩基（えんき）が結合した構造単位をヌクレオチドといいます。DNAのヌクレオチドは、リン酸 ー デオキシリボース（糖）ー 塩基という構造をしています。塩基には、アデニン（A）、チミン（T）、グアニン（G）、シトシン（C）の４種類があります。

《 DNAのヌクレオチド 》

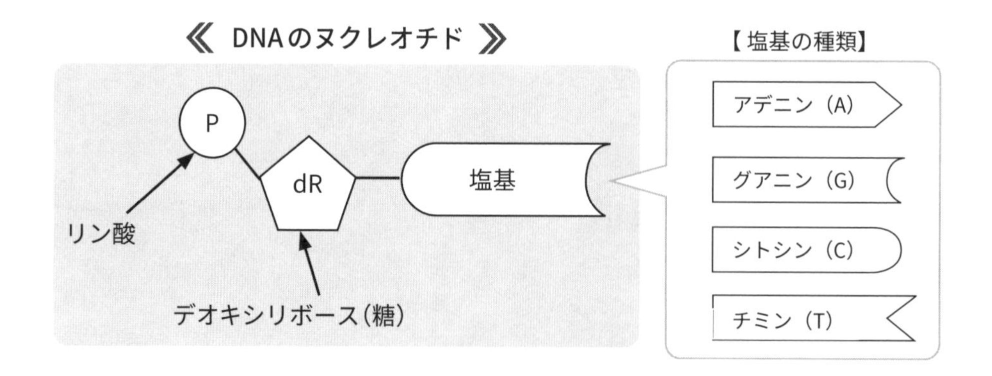

ヌクレオチド鎖

DNA は、隣り合うヌクレオチドのリン酸と糖の部分が規則正しく結合して 1 本の鎖を形成しています。

《ヌクレオチド鎖》

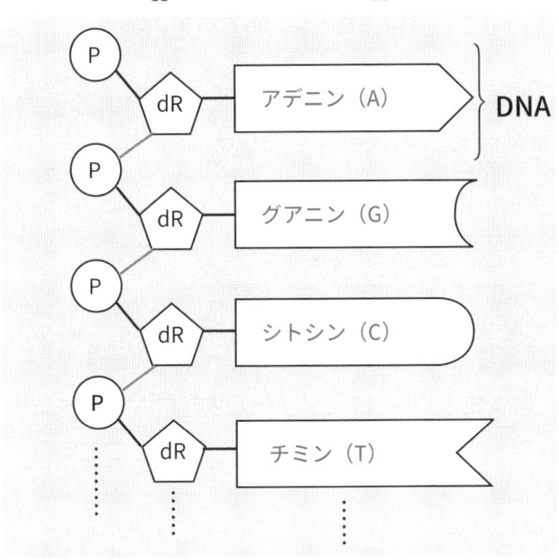

左図を見てみましょう！
DNAを拡大すると、異なる塩基の組合せのヌクレオチドが連なっているわけですね！

塩基の相補性

塩基は、A と T、C と G が結合する性質をもちます。これを塩基の相補性（そうほせい）といいます。2 本のヌクレオチド鎖が塩基を介して結合することで、対を形成しています。相補的に結合した 2 つの塩基を塩基対とよびます。

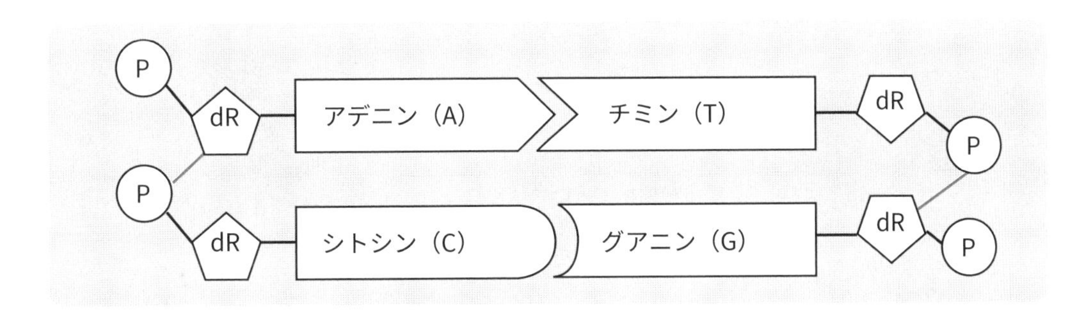

塩基には相補性があることから、どのような生物でも A と T、C と G の割合は近い値となります。下表は、DNA の中での塩基数全体に対する 4 種類の塩基数の割合を表したものです。

（%）

	シトシン（C）	グアニン（G）	アデニン（A）	チミン（T）
ヒト	19.9	19.8	30.9	29.4
コムギ	22.8	22.7	27.3	27.1
酵母菌	17.1	18.7	31.3	32.9
大腸菌	25.7	26.0	24.7	23.6

塩基配列

DNA の塩基（A・T・G・C）の並び方を塩基配列といいます。

《 塩基配列の例 》

TAGGCTGCGT　TGGGGCCTTT　TTTTCGCATC　CTGCTTCGTC AGGTTTATAC　…

この並び方こそが生物の DNA の遺伝情報です。DNA の塩基配列や塩基対の数は生物の種により異なります。これにより、異なる形質を持つ多様な種が存在しています。

参 考　DNA の発見

1952 年、ウィルキンスらにより DNA 鎖の構造が、1953 年にはワトソンとクリックにより DNA の二重らせん構造が明らかになった。この 3 名は 1962 年にノーベル生理学・医学賞を受賞している。

染色体

DNA が何重も折りたたまれて収納されたものを染色体といいます。染色体は、真核生物の核内に存在します。

《 DNA から染色体へ 》

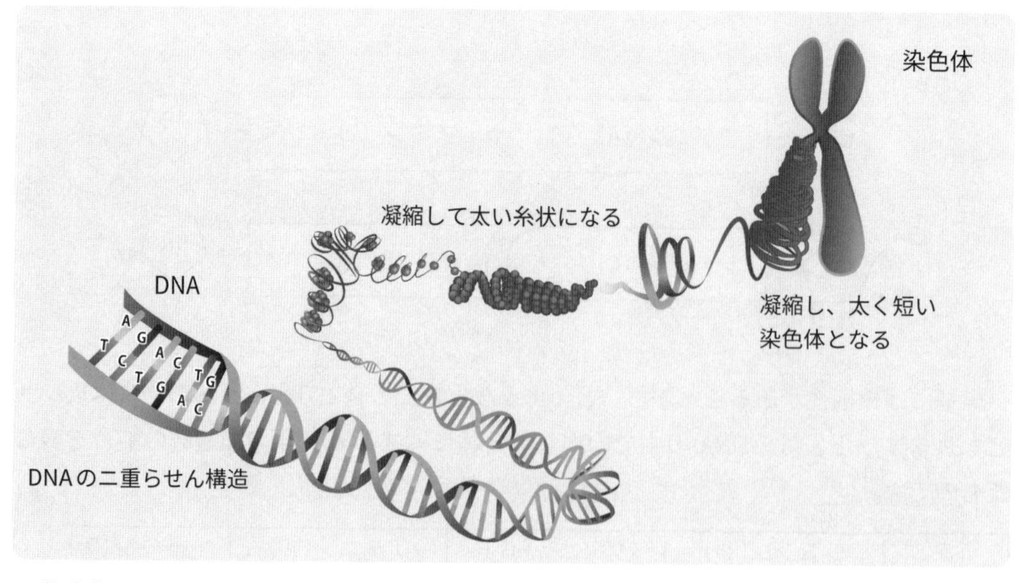

※乳酸菌などの原核生物は、核をもたず染色体は存在しないが、DNA が折りたたまれた構造をしている

ゲノム

染色体は細胞分裂期（p. 54 参照）に、アルファベットの X のような形状になります。細胞分裂期以外の時期（間期）では、DNA は凝縮がほどけて核内に分散されています。下の図は、ヒトの生殖細胞（卵や精子）の染色体です。生殖細胞には、23 本の染色体が存在します。生殖細胞がもつ 1 組（23 本）の染色体を**ゲノム 1 セット**と呼びます。

《 ヒトの生殖細胞（卵・精子）の中の染色体 》

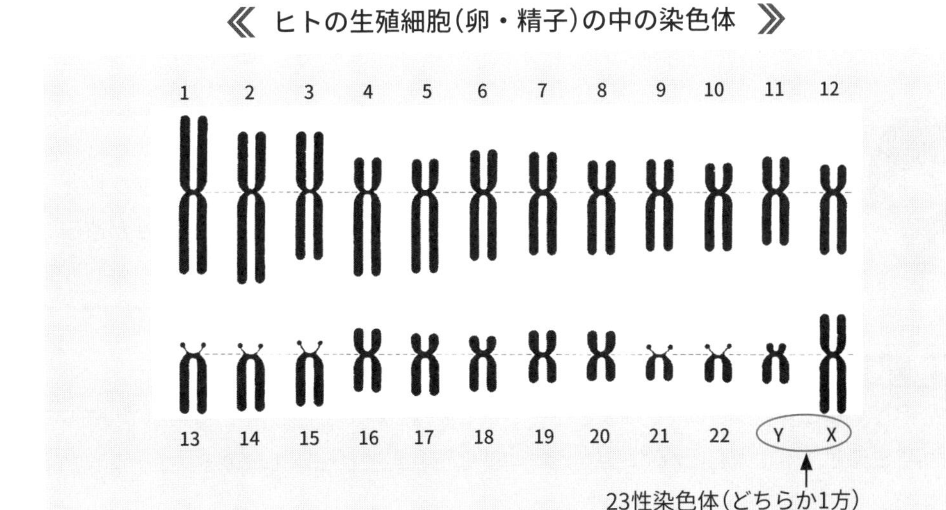

ヒトの両親の DNA は、生殖細胞（卵・精子）により運ばれ、受精卵に入ります。ヒトの生殖細胞の染色体数は 23 本です。体細胞（受精卵）では染色体数は 46 本となります。つまりヒトの体細胞には、父親由来の染色体 23 本と母親由来の染色体 23 本、合わせて 23 対 46 本の染色体があります。

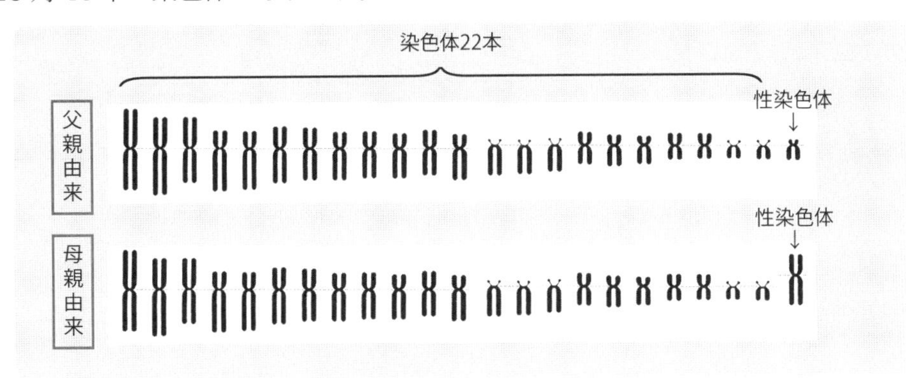

《 種による染色体数の違い 》

生物名	染色体数
ショウジョウバエ	8
タマネギ	16
ヒト	46
コイ	100

※一つの核に含まれる染色体の数は種によって異なります

ゲノムサイズ

ヒトの一つひとつの細胞（体細胞）の核の中には、22組＋１組の染色体のセットが２対入っています（父親由来のゲノム１セットと母親由来のゲノム１セット）。つまり、体細胞にはゲノムが２セット含まれます。ゲノムに含まれる塩基対の数を**ゲノムサイズ**といいます。ヒトのゲノムサイズは約30億ですが、原核生物である大腸菌のゲノムサイズは約460万とヒトに比べて少なくなっており、生物によってゲノムサイズは異なります。

ここまでの話をまとめましょう！
「細胞の核の中に染色体があり、染色体は鎖状に結合したヌクレオチドがつらなってできている」そして、「DNAの塩基の組合せが遺伝情報に関わる」というわけですね！

参考

ヒトの23本の染色体のうち､22本は大きさをもとに並べられて１～22番と番号がついている。23番目は性染色体とよばれ、XXならば女性、XYならば男性と性別を決める。１～22番目までの染色体は、常染色体とよばれている。

参考　生殖細胞と体細胞の違い

生殖細胞と体細胞は、どちらも動物の体を構成する細胞である。生殖細胞とは、接合して新しい個体を生み出すはたらきをもつ細胞のことをいう。たとえば、ヒトでは卵子・精子が生殖細胞である。卵子と精子が受精してできた受精卵は体細胞となる。いっぽう、体細胞は、生殖細胞以外の細胞のことをいう。

相同染色体

生殖細胞以外の細胞である体細胞は、互いに形や大きさの等しい染色体が２本ずつ対になって存在します。この対になっている２つの染色体を相同染色体といい、それぞれが父親・母親に由来する染色体です。相同染色体の同じ場所には、同じ遺伝情報が含まれています。

《ヒトの体細胞の中の染色体（分裂期）》

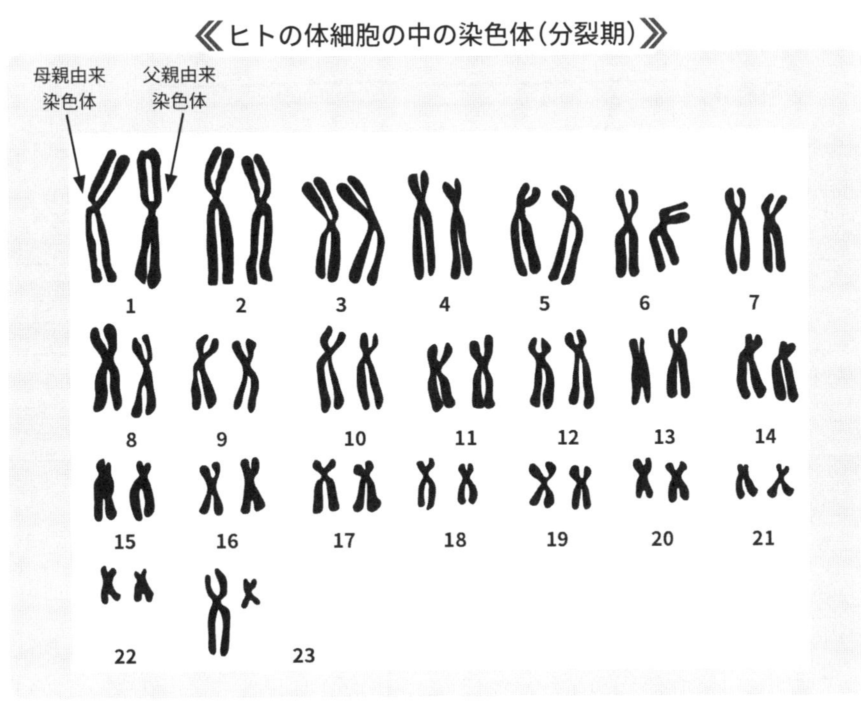

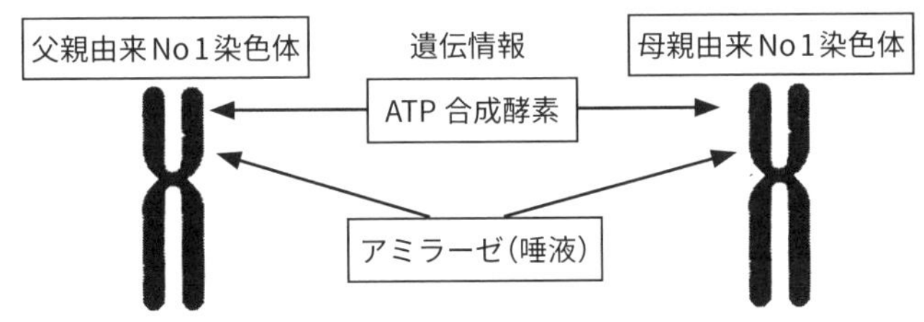

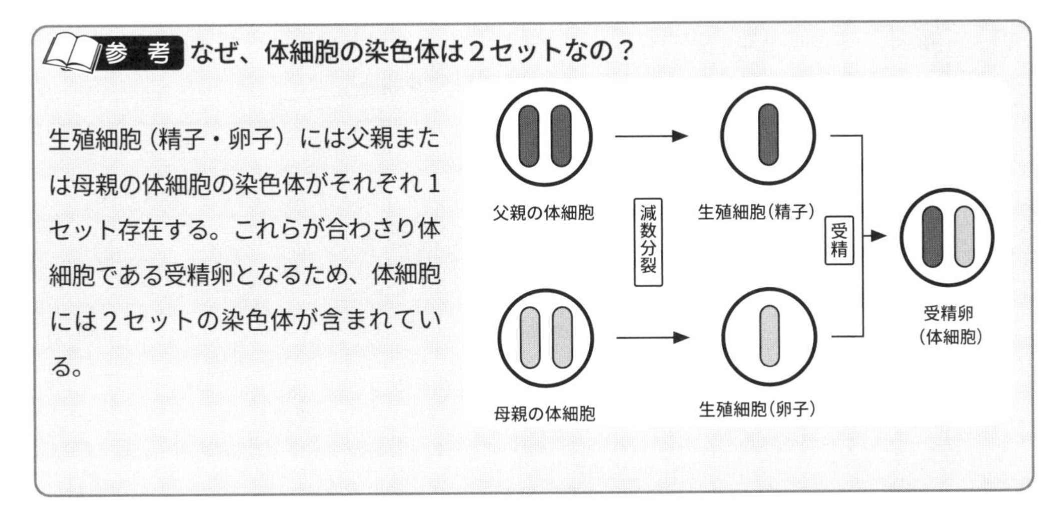

遺伝子

ゲノムの全てが遺伝に関わっているわけではありません。ゲノムを構成する DNA の一部、遺伝情報を担う部分のことを**遺伝子**といいます。それ以外の領域は、現段階では遺伝情報をもたないといわれています。つまり、ゲノムを構成している DNA の塩基配列には「**遺伝子の領域**」と「**遺伝子以外の領域**」が存在します。ヒトの場合、遺伝子は全 DNA の数 % です。**遺伝子と遺伝子以外の割合は生物によって異なります。**

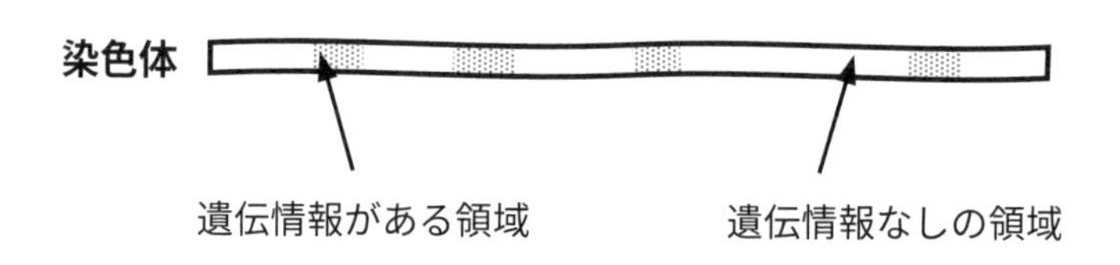

	ヒト（真核生物）	キイロショウジョウバエ（真核生物）	大腸菌（原核生物）
総塩基対	約30億	約１億７千	約500万
遺伝子	約2万2千	約１万3千	約4千

上の表を見ると、真核生物は原核生物よりも遺伝子をもたない領域の割合が大きい事がわかります。なお、ヒトの遺伝子の領域がゲノムに占める割合は、約 1.5%程度です。

1 つの生物のゲノムの塩基配列を解読する試みを**ゲノムプロジェクト**（ヒトゲノム計画）といいます。1990 年代後半から始まり、2000 年代になりヒトのゲノムの DNA の塩基配列の大部分が解読されました。また、最近では個人の塩基配列も解読できるようになりつつあります。ヒトのゲノムは人によりわずかに違い、全体の 0.1% ほどの塩基配列に違いが出ます。これらは病気の治療法や予防等に利用されています。

個人のゲノムを検査することにより「オーダーメイド医療」が実現できるようになると言われています。ゲノムの解読が今後の医療にどのような影響を与えるのか、注目していきたいですね！

DNAの抽出実験

目的

生物がDNAを持つことを確認する。

方法

① 水に**塩化ナトリウム（食塩）**と**食器用洗剤**を加えてかき混ぜたものをDNA抽出液とする。
（DNAは塩化ナトリウム水溶液（食塩水）に溶けやすい。食器用洗剤は細胞膜や核膜を壊すことができる）

② **ブロッコリーの花芽**を乳鉢に切り落とす。花芽をすりつぶす。
（ブロッコリーのつぼみには小さい細胞がたくさんあるため、DNAが多く存在する）

③ 乳鉢に①のDNA抽出液を入れて混ぜる。

④ ペーパーで固形物をこす。
（タンパク質などDNA以外の固形物を取り除くため）

⑤ **エタノール**を④に注ぐ。
（DNAはエタノールに溶けないため、DNAを析出させることができる）

⑥ DNA抽出液の表面から、上層のエタノール層に浮上する**白い繊維状**のものをガラス棒でからめとり、ろ紙に付けて乾かした後に酢酸カーミンを滴下すると、赤く染まった。

考察

⑥で観察できた白い繊維状のものは、DNAを主成分としていることがわかった。

〈高認 H. 30-1　図をもとに作成〉

Step｜基礎問題

（　）問中（　）問正解

■ 各問の空欄に当てはまる語句をそれぞれ①～③のうちから一つずつ選びなさい。

問1　親の形や性質などの特徴（形質）が子孫に現れることを（　　　　）という。
① 遺伝　② ゲノム　③ DNA

問2　子孫へ伝わる情報を遺伝情報といい、遺伝情報を担うものを（　　　　）という。
① 形質　② 遺伝子　③ ヌクレオチド

問3　すべての生物がもつ遺伝子や遺伝情報物質の本体を（　　　　）という。
① RNA　② ADP　③ DNA

問4　DNAは（　　　　）構造をしている。
① 一本鎖　② 二重らせん構造　③ 三重らせん構造

問5　DNAは、塩基・糖・リン酸で構成された（　　　　）という単位でできている。
① リボソーム　② 塩基配列　③ ヌクレオチド

問6　DNAを構成する糖は（　　　　）である。
① キシリボース　② シトシン　③ デオキシリボース

問7　塩基は、（　　　　）がそれぞれ互いに結合しやすい性質をもつ。
①A－TとC－G　②A－CとT－G　③A－GとC－T

問8　A・T・C・Gそれぞれが特定の塩基と結合しやすい性質を（　　　　）という。
① 塩基の合同　② 塩基の相補性　③ 塩基の配列

問9　生物の遺伝情報は、その生物がもつDNAの（　　　　）できまる。
① 塩基対　② 塩基の相補性　③ 塩基配列

解答

問1：①　問2：②　問3：③　問4：②　問5：③　問6：③　問7：①　問8：②
問9：③

問 10　体細胞には、同じ大きさの染色体が 1 対ずつある。このような対になっている染色体を（　　　　）という。

① 遺伝子　② 性染色体　③ 相同染色体

問 11　真核生物の体細胞には、（　　　　）組のゲノムがある。

① 1　② 2　③ 3

問 12　遺伝子・遺伝子以外のすべての領域を含めたものを（　　　　）という。

① DNA　② 遺伝子　③ ゲノム

問 13　DNA の中で、遺伝情報としてはたらく部分を（　　　　）という。

① DNA　② 遺伝子　③ ゲノム

問 14　ゲノムに含まれる塩基対の数は（　　　　）という。

① ゲノムサイズ　② 遺伝子サイズ　③ DNA サイズ

問 15　1 つの生物種を取り上げて、ゲノムの解読をおこなうことを（　　　）という。

① ゲノムプロジェクト　② オーダーメイド医療　③ ゲノム編集

問10：③　問11：②　問12：③　問13：②　問14：①　問15：①

（　）問中（　）問正解

■ 次の各問いを読み、問１と２に答えよ。

問１　ゲノムに関する説明として適切なものを、下の①～④のうちから一つ選べ。

① ヒトのゲノムには遺伝子としてはたらく部分は数％しかない。

② ゲノムのほとんどが遺伝子としてはたらく。

③ ゲノムと遺伝子は同じ意味である。

④ ヒトの体細胞には１対のゲノムが含まれる。

問２　ゲノムやDNAに関する説明として適切なものを、下の①～④のうちから一つ選べ。

① DNAを構成する塩基のAとC、GとTの割合は、生物によらずに等しい。

② 真核生物のDNAはおもに核の中に存在し、１本鎖である。

③ ゲノムとは、ある生物の全DNAのことであり遺伝子の領域と遺伝子以外の領域が含まれる。

④ 染色体が寄り集まったものがDNAである。

■ 下の図は、DNAの一部を模式的に示したものである。図に関する設問３と４に答えよ。

問３　右図のヌクレオチドのaの成分を、以下の①～③のうちから一つ選べ。

① 糖

② 塩基

③ リン酸

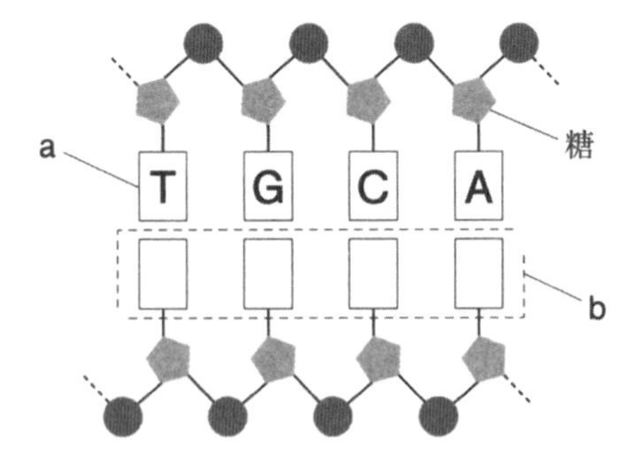

〈高認 H. 28-2 より抜粋〉

問４　図の b の配列の順を、左側から正しく並べたものを、以下の①～④のうちから一つ選べ。

① ACGT　　② ACGU

③ TGCA　　④ AGCT

■ 次の各問いを読み、問５～８に答えよ。

問５　DNAのヌクレオチドの構造として適切なものを、下の①～④のうちから一つ選べ。

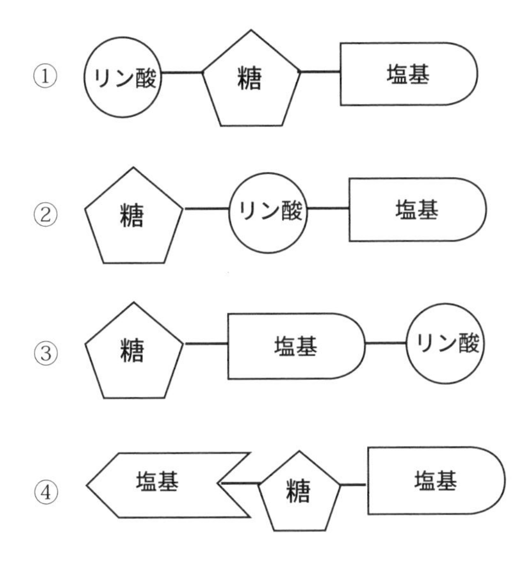

問６　下の図は、生物によるDNAにおける各塩基の割合（%）を示したものである。（ア）～（ウ）に当てはまるものとして適切なものを、下の①～③のうちからそれぞれ一つずつ選べ。

	C	G	A	T
ヒト	19.9	（ア）	30.9	29.4
ニワトリ	20.5	21.5	（イ）	29.2
コムギ	（ウ）	22.8	27.3	27.1

①　28.8　　②　19.8　　③　22.7

問７　ゲノムについて述べた文として適切なものを、下の①～④のうちから一つ選べ。

〈高認 H. 28-2 改〉

ア　ある生物の生殖細胞１つに含まれるすべての遺伝情報を、その生物のゲノムという。

イ　遺伝子には、多数のゲノムが存在する。

ウ　ヒトのゲノムを構成する DNA の大部分は、遺伝子としてはたらいている。

エ　現在までのゲノムの解読結果から、ヒトの遺伝子は 20,000 ～ 25,000 程度と推定される。

①　ア、イ
②　ア、ウ
③　ア、エ
④　イ、ウ

問８　動物の生殖細胞（卵や精子）の DNA、遺伝子およびゲノムについて述べた文として適切なものを、下の①～⑤のうちから一つ選べ。〈高認 H. 29-2 改〉

①　生殖細胞に含まれる DNA すべてが、遺伝子としてはたらく。
②　生殖細胞に含まれる DNA の量は、すべての生物に共通である。
③　生殖細胞に含まれる DNA 全体のうち、遺伝子としてはたらかない部分をゲノムという。
④　生殖細胞に含まれる DNA 全体のうち、遺伝子としてはたらく部分をゲノムという。
⑤　生殖細胞に含まれる DNA 全体の情報を、ゲノムという。

解答・解説

問1：①

ヒトのゲノムサイズは約30億です。遺伝子としてはたらくのは、そのうちの約2万2千です。つまり、遺伝子はゲノムの数%しかはたらきません。

ゲノムの中の遺伝に関わる部分を遺伝子といいます。ヒトの体細胞には父親由来・母親由来の2対のゲノムが含まれます。

問2：③

塩基のAとC、GとTの割合は、生物により異なります。DNAは2本鎖からなる構造をもち、DNAの寄り集まったものが染色体です。

問3：②

DNAは、リン酸と糖が結びつき鎖状につながります。ヌクレオチド鎖どうしは、塩基と塩基が結合しています。

問4：①

DNAの塩基はAとT、CとGが相補的に結合しています。

問5：①

ヌクレオチドは、糖を中心にリン酸と塩基がついたものです。

問6：(ア)：②　(イ)：①　(ウ)：③

各塩基の割合は、結合する塩基と近い値となります。

問7：③

すべての遺伝情報をゲノムといいます。ヒトの全塩基対つまりゲノムは30億で、遺伝子としてはたらく塩基対は約2万2千です。よって、DNAの大部分が遺伝子としてはたらいていないことがわかります。

問8：⑤

生殖細胞のDNAは生物によって異なります。全DNAのことをゲノムといいます。しかし、このゲノムの全てが遺伝子としてはたらくわけではありません。

2. 遺伝情報の分配

細胞周期について、各期間に行われる内容をおさえましょう。間期・分裂期でのDNA 量の変化についてのグラフに関する問題がよく出題されます。グラフを見て、どの部分がどの期間か答えられるようにしましょう。

細胞分裂と遺伝子

ヒトは1個の受精卵から始まり、細胞分裂を繰り返して成長していきます。分裂前後の細胞は全く同じ形と機能をもっており、どの体細胞にも同じゲノムが含まれています。つまり、ヒトのどの細胞にも完全なヒトをつくる DNA が存在します。

どの細胞にも同じゲノムが含まれた状態で分裂し、複製していくためには、細胞分裂の前にゲノムを構成する DNA が2倍になる必要があります。その結果、分裂後の2個の細胞には、分裂前と全く同じゲノムが入ることができます。

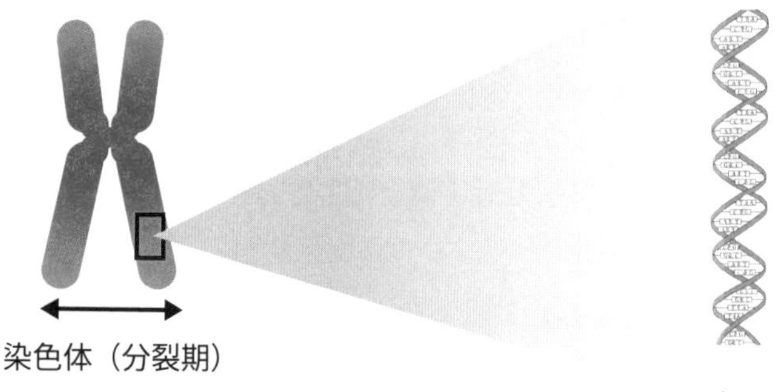

DNAの複製

DNA の複製が行われるとき、AとT、GとCという塩基の相補性を利用して、1組のヌクレオチド鎖が2組のヌクレオチド鎖となります。正確に同じ DNA を複製していくことを**半保存的複製**（はんほぞんてきふくせい）といいます。これにより、何度でも全く同じDNAをつくることができます。

《 半保存的複製 》

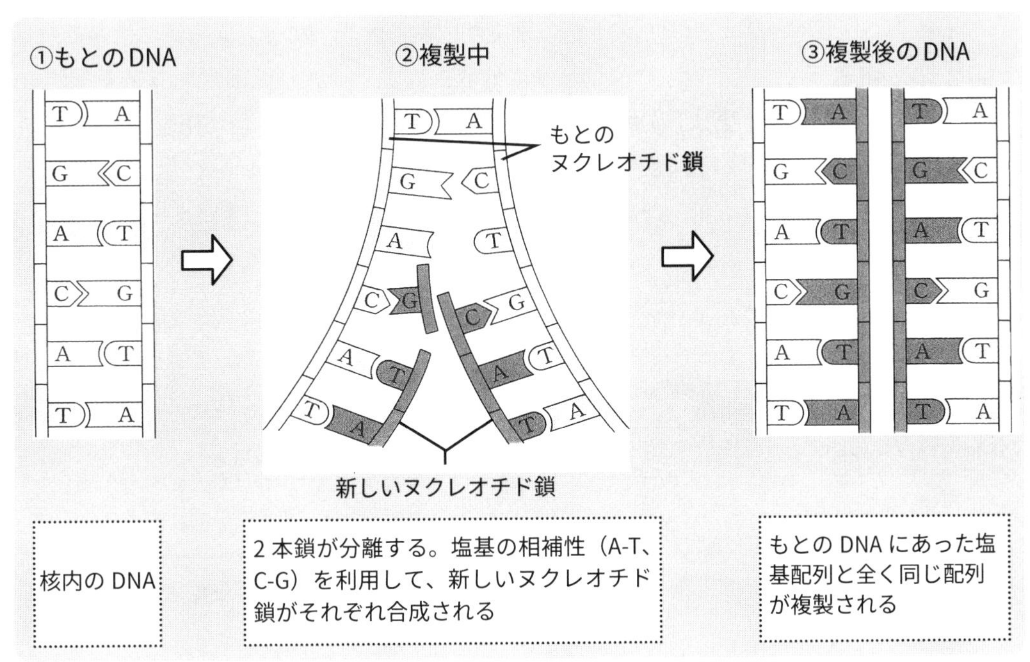

複製の流れ

まず、一組のヌクレオチド鎖が細胞内の酵素により分裂します。そして、もとの1本のヌクレオチド鎖を鋳型（いがた）にして、細胞の核や細胞質中に多量に存在するヌクレオチド中の塩基が、もとのヌクレオチド鎖中の塩基と塩基の相補性により結びつけられていきます。たとえば**ＴＧＡＣＡＴ**という1本鎖があったとすると、分離したもう一方の鎖は、**ＡＣＴＧＴＡ**となります。塩基の相補性により、新しいヌクレオチド鎖ができると、同じヌクレオチド鎖が2組できあがります。できあがったDNAの2本のヌクレオチド鎖は、どちらも一方はもとからあった鎖がついています。

細胞周期

細胞の分裂が終わってから再び次の分裂が終わるまでの過程を細胞周期といいます。細胞周期は、G_1期（DNA 合成準備期）S 期（DNA 合成期）G_2期（分裂準備期）M 期（分裂期）の４つに分けられます。M期にあたる分裂期では、１つの細胞が２つに分裂します。分裂後に細胞の DNA が半分にならないように、前段階の間期で DNA の量を倍増します（DNA の複製）。

間期
- ◉ G_1期【DNA 合成準備期】：1 個の細胞が成長し大きくなる。染色体は核内でバラバラに分散される。DNA 複製のための準備期間
- ◉ S 期【DNA 合成期】：DNA の複製が行われる。DNA 量が 2 倍に複製される
- ◉ G_2期【分裂準備期】：分裂の準備が行われる

- ◉ M 期【分裂期】：分裂がおこなわれる。染色体が凝縮して、ひも状の染色体が観察できる。染色体が 2 分割されて 2 つの娘細胞に入る

参考　母細胞と娘細胞

体細胞分裂において、分裂前の細胞を母細胞（ぼさいぼう）、分裂後の細胞を娘細胞（むすめさいぼう）という。

分裂が始まる前のDNA 合成期（ S 期）で母細胞のDNA 量を倍増させるわけですね！

分裂期が始まると、染色体が凝縮し太く短くなります。分裂期（M期）では、染色体のようすによって、次の４段階に分けられます。

- ◉前期：核膜が消失する。染色体が凝縮し出現して糸状に見えるようになる
- ◉中期：染色体が中央（赤道面）にならぶ
- ◉後期：染色体が細胞両端（両極）に分かれる
- ◉終期：核膜が出現する。染色体の凝縮がゆるむ。細胞質の分裂がおこる

参考

G_1期 G_2期の G は、Gap の略であり、Gap はすき間という意味がある。いっぽう、S 期の S は、Synthesis の略であり、Synthesis は合成という意味がある。

《 細胞周期 》

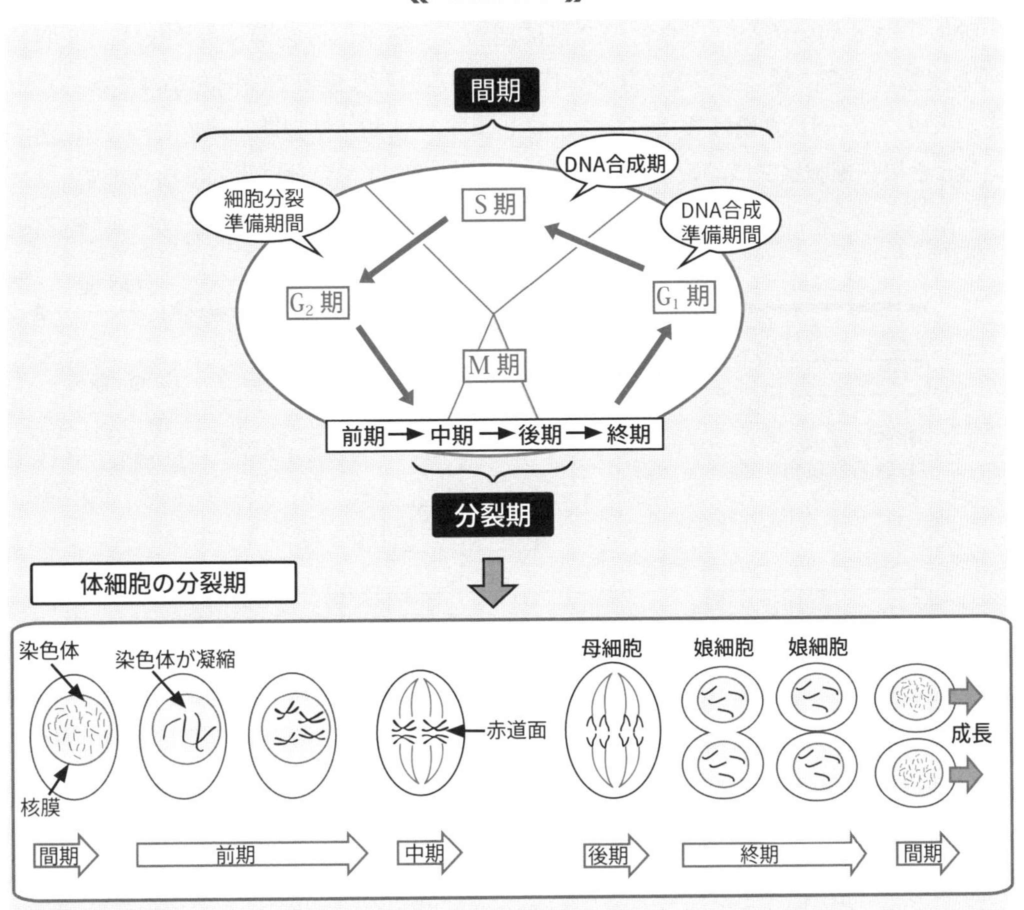

分裂の間には染色体が寄り集まり、間期になると染色体はほどけて糸状になって核内に広がります。生物の種類によって細胞の間期と分裂期の長さは異なりますが、どの生物でも、分裂期より間期のほうが長い傾向にあります。

細胞の種類	間期	分裂期
マウス	18	1
タマネギ	20	5
ヒマワリ	8.9	1.6

細胞周期とDNA 量の関係

DNA 量はＳ期の終わりにもとの２倍に増加し、細胞の分裂期に備えます。Ｓ期のDNA 複製は一度に起こるのではなく、DNA のいろいろな場所で時間をかけて起こります。 そのため、DNA 量はなだらかに上昇します。M期（分裂期）が終わって G_1 期に入るときに、細胞は２つの娘細胞に分かれるため、DNA 量は急に半分になります。

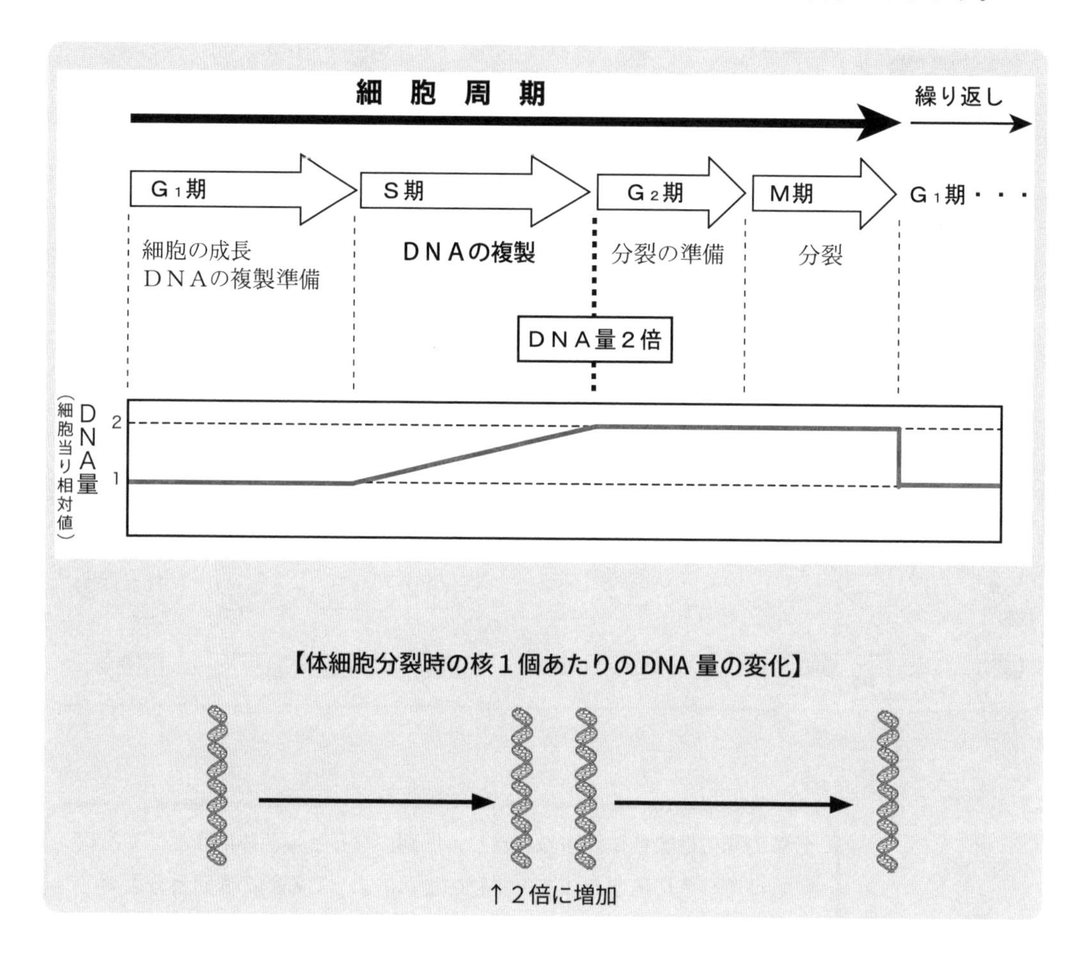

体細胞分裂の観察実験

目的

タマネギの根端部の体細胞分裂の染色体の変化を観察する。

実験手順

① 発芽したタマネギの根端を**酢酸**(さくさん)に浸し、細胞の変化を止める（固定）。
② ①を**塩酸**に浸し 60℃で保温し、細胞をバラバラにする（解離(かいり)）。
③ 根をスライドガラスにのせる。
④ ③に**酢酸オルセインまたは酢酸カーミン**を滴下する（染色体を赤く染める）。
⑤ カバーガラスをかけて上から軽く押さえる（重なった細胞を押し広げる）。
⑥ 光学顕微鏡で観察し、100 ～ 200 個の細胞について、核がはっきり見える間期の細胞と、染色体が観察できる分裂期の細胞に分けてしるしをつける。
⑦ 間期と分裂期の細胞の数を数える。

結果

細胞 A ➡ 分裂期：終期

細胞 B ➡ 間期

細胞 C ➡ 分裂期：後期

細胞 D ➡ 分裂期：中期

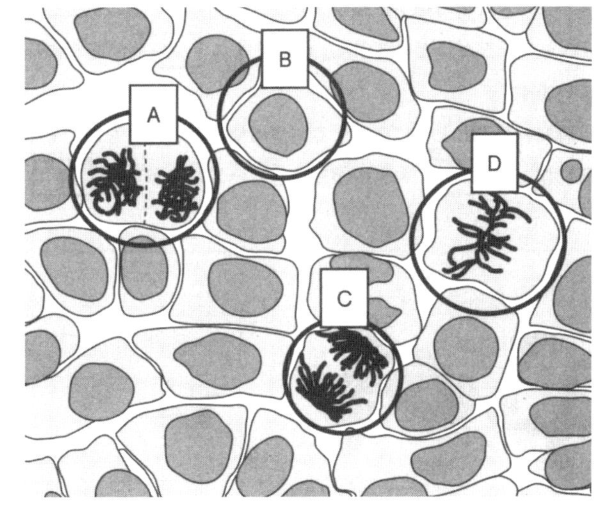

〈高認 R. 2-2　図をもとに作成〉

	間期	分裂期
細胞数	131	14

考察

間期の細胞と分裂期の細胞の数に違いがあった。それは、**それぞれの細胞数が細胞周期の各時期の時間の長さに比例するためである。**

(　　)問中(　　)問正解

■ 各問の空欄に当てはまる語句をそれぞれ①〜③のうちから一つずつ選びなさい。

問1　真核細胞のDNAは、(　　　　)内に存在する。
① 細胞質基質　② ミトコンドリア　③ 核

問2　真核生物の染色体数は(　　　　)。
① 2本　② 46本　③ 生物によって異なる

問3　真核生物の体細胞分裂で、核分裂の前期から中期にかけてDNAが凝縮してできるものは(　　　　)である。
① 塩基対　② 染色体　③ 遺伝子

問4　細胞分裂でできる2個の細胞は(　　　　)という。
① 母細胞　② 父細胞　③ 娘細胞

問5　体細胞分裂では、DNAは娘細胞に(　　　　)に伝わる。
① 片方　② 均等　③ 不均一

問6　細胞周期において、DNA合成の準備が行われている時期は(　　　　)。
① M期　② G_1期　③ G_2期

問7　細胞周期において、分裂が行われている時期は(　　　　)。
① M期　② G_1期　③ G_2期

問8　細胞周期において、DNAが複製されている時期は(　　　　)。
① M期　② G_1期　③ S期

問9　一つの細胞内のDNA量が等しい時期の組み合わせは(　　　　)である。
① G_2期とM期途中　② G_1期とM期途中　③ S期途中とM期途中

解　答

問1：③　問2：③　問3：②　問4：③　問5：②　問6：②　問7：①　問8：③
問9：①

問 10 DNA の複製では、DNA の全塩基配列が（　　　　）複製される。

① 異なって　　② 正確に　　③ 互い違いに

問 11 DNA の複製では 2 本のヌクレオチド鎖の一方がそのまま新しい細胞に受け継がれる。これを（　　　　）という。

① 永久保存的複製　　② 非保存的複製　　③ 半保存的複製

問 12 DNA の複製は（　　　　）に基づいて行われる。

① 塩基の同一性　　② 塩基の相補性　　③ 塩基の合同性

問 13 細胞の間期と分裂期の長さは生物によって（　　　　）。

① 同じである　　② 異なる　　③ 2 倍になる

問10：②　問11：③　問12：②　問13：②

（　）問中（　）問正解

■ 次の各問いを読み、問１と問２に答えよ。

問１　細胞周期に関する説明として適切なものを、下の①～③のうちから一つ選べ。

① M期後期にある細胞中のDNA量はM期前期にある細胞中のDNA量の２倍である。

② M期の細胞中のDNA量は、G_2期の細胞中のDNA量の２倍である。

③ G_2期の細胞中のDNA量は、G_1期の細胞中のDNA量の２倍である。

問２　体細胞分裂後の特徴に関する説明として適切なものを、下の①～③のうちから一つ選べ。

① 染色体数が半減する。

② 染色体数が変わらない。

③ 染色体数が２倍になる。

■ 下の図は、ある生物の体細胞の細胞周期と各期の所要時間である。図に関して、問３と４に答えよ。

問３　分裂が終わった直後の時期として適切なものを、下の①か②のうちから一つ選べ。

① Ⅰ

② Ⅱ

問４　この生物のDNAの複製にかかる時間として適切なものを、下の①～③のうちから一つ選べ。

①　1　　②　6　　③　12

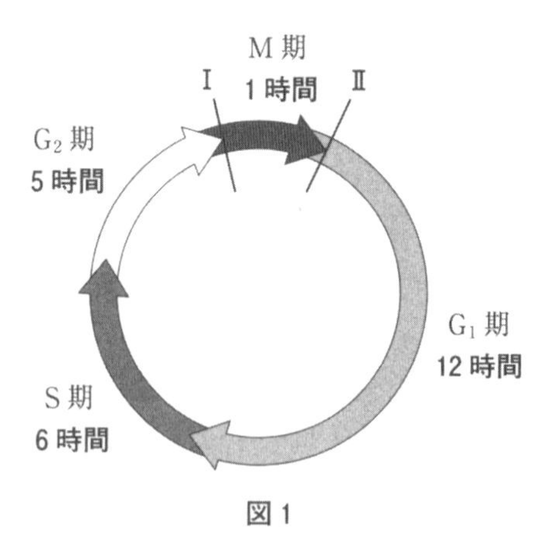

図1

【高認 R. 1-2 より抜粋】

■ 次の各問いを読み、問５と問６に答えよ。

問５　細胞周期での DNA 量の変化を表す図として適切なものを、下の①〜③のうちから一つ選べ。

①

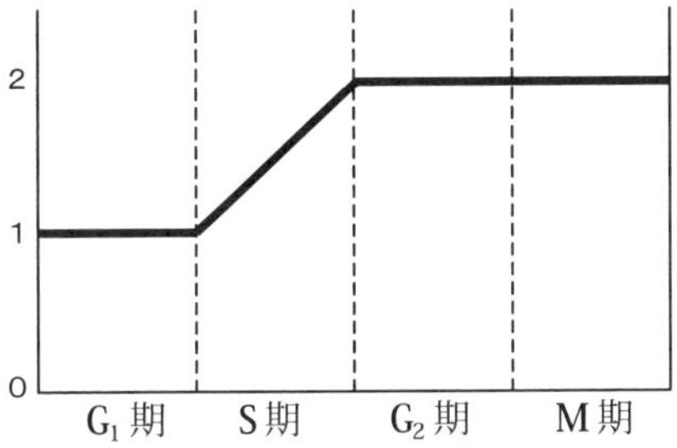

2
1
0
G_1 期　S 期　G_2 期　M 期

②

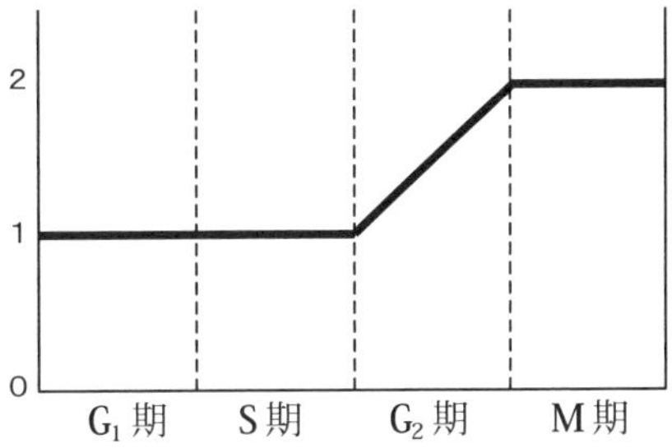

2
1
0
G_1 期　S 期　G_2 期　M 期

③

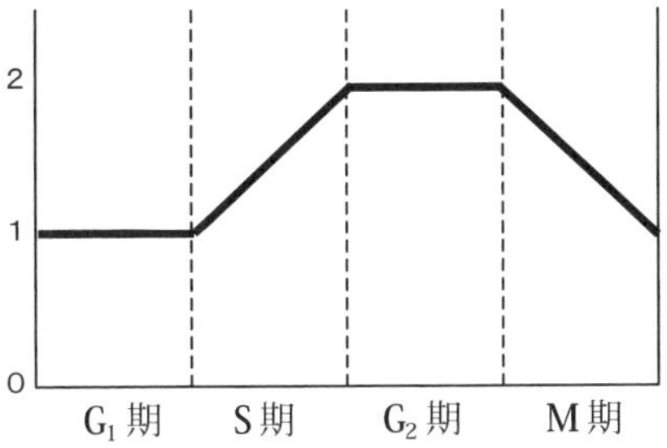

2
1
0
G_1 期　S 期　G_2 期　M 期

問６　次の文章は、タマネギの細胞分裂の実験観察について述べた文である。文章中の［ア］と［イ］に入る語句を選べ。

> タマネギの細胞分裂を観察する実験で、根を塩酸処理することで細胞を［ア］することができ、酢酸オルセイン液で、核を［イ］することができる。

① ア：染色　　イ：解離
② ア：接着　　イ：染色
③ ア：解離　　イ：染色
④ ア：染色　　イ：接着

※解離（かいり）：バラバラにすること

■ 下の図は、タマネギの先端の細胞である。細胞の観察について、設問7と8に答えよ。

問7　図のA～Dのうち、間期の細胞として適切なものを、下の①～④のうちから一つ選べ。

① A
② B
③ C
④ D

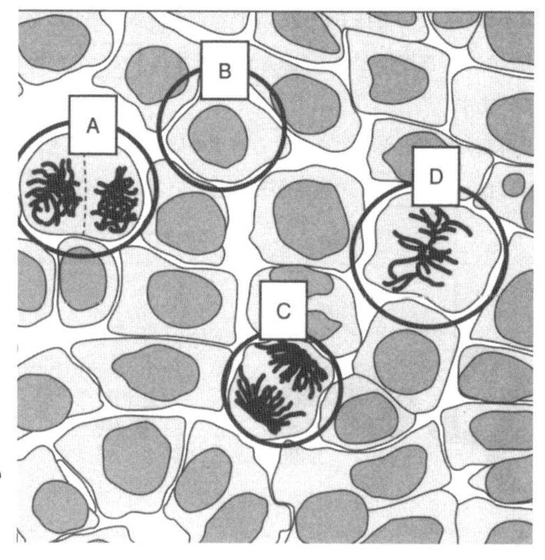

【高認 R. 2-2 より抜粋】

問8　図のCとDのDNA量の比較として適切なものを、下の①～③のうちから一つ選べ。

① 同じ
② CはDのほぼ2倍
③ CはDのほぼ半分

■ 次の各問いを読み、問9と問10に答えよ。

問9　文章中の［ア］～［ウ］に入る語句として適切なものを、下の選択肢からそれぞれ一つずつ選べ。〈高認 H. 28-1・改〉

> 多細胞生物のからだを構成するすべての細胞は、一つの受精卵が［ア］分裂をくり返して増えたものである。分裂前の細胞を母細胞、分裂によって新たに生じた細胞を娘細胞とよぶ。［ア］分裂をくり返す細胞では、分裂期（M期）と［イ］が繰り返されている。これを細胞周期という。
> ［イ］は、DNA合成準備（G_1期）、DNA合成期（S期）、分裂準備期（G_2期）に分けられる。DNA合成期ではDNAが複製され、DNA合成終了時には、核内のDNA量はDNA合成準備期のDNA量の［ウ］になる。

ア　① 体細胞　② 減数
イ　① 前期　② 間期　③ 終期
ウ　① 2倍　② 3倍　③ 4倍

問 10　細胞周期の各時期の終了時における細胞あたりのDNA量の変化として適切なグラフを、下のA～Cのうちから一つ選べ。〈高認 H. 28-2・改〉

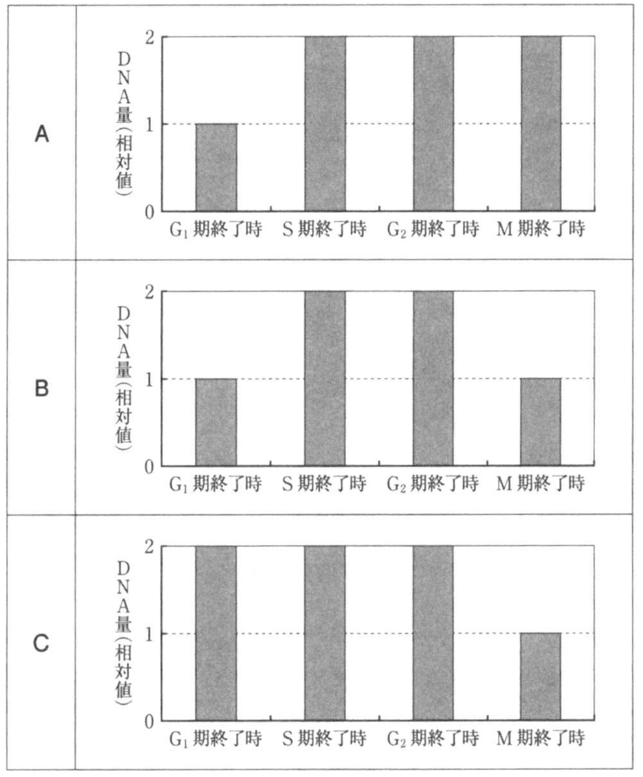

G_1期：DNA合成準備期，S期：DNA合成期，G_2期：分裂準備期，M期：分裂期

解答・解説

問 1：③

分裂期であるＭ期では、分裂開始から終わりまで通常の２倍の DNA 量があり、分裂期が終わると同時に DNA 量がもとに戻ります。

G_1 期は DNA 合成準備期、G_2 期は分裂準備期です。この間に DNA 合成期のＳ期があるため、DNA 量が倍増します。

問 2：②

体細胞分裂後に染色体数が変わらないように、分裂前に DNA の複製を行います。

問 3：②

Ｍ期が分裂期であるため、分裂直後はⅡの時期となります。

問 4：②

DNA の複製は、DNA 合成期であるＳ期で行われます。

問 5：①

DNA 量が１から２に変化するのは、DNA 合成期のＳ期です。分裂期Ｍ期は DNA 量が２であり、終了とともに１に変化します。

問 6：③

細胞分裂の観察では、塩酸により細胞の解離をおこない、酢酸オルセインで細胞の核を染色します。

問 7：②

間期では染色体の凝縮はみられません。核中に分散しています。

問 8：①

Ｃは分裂期・終期、Ｄは分裂期・中期です。この時、DNA 量は同じです。

問 9：ア：①　イ：②　ウ：①

受精卵は体細胞分裂をおこないます。体細胞分裂の１周期は間期と分裂期に分けられます。間期のＳ期（DNA 合成期）では、核内の DNA 量が２倍になります。

問 10：B

DNA 複製時のＳ期は、DNA 量が G_1 期に比べ２倍となります。Ｍ期では細胞が２つに分裂します。そのため、Ｍ期終了時には DNA 量がＳ期や G_2 期終了時に比べ半分となります。

3. 遺伝情報とタンパク質の合成

DNAの遺伝情報がRNAに伝達され、アミノ酸・タンパク質が合成される一連の流れをおさえましょう。

Hop｜重要事項

タンパク質とアミノ酸

動物細胞（ヒト）は、以下の成分・元素より構成されています。

水	70%	…… 酸素・水素
タンパク質	15%	…… 酸素・水素・炭素・窒素（硫黄）
脂質	12%	…… 酸素・水素・炭素・（リン）
炭水化物	2％	…… 酸素・水素・炭素

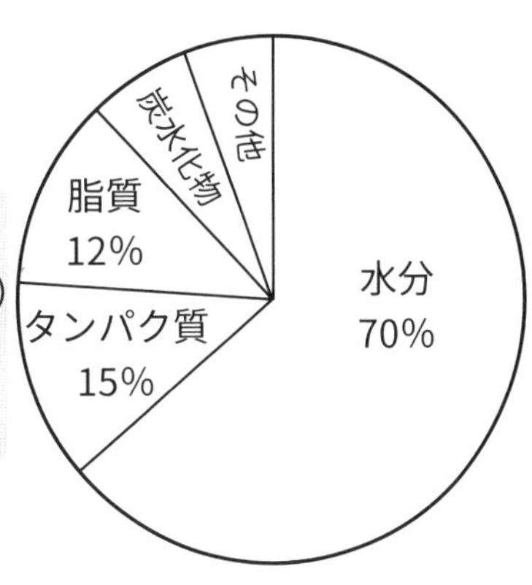

タンパク質は、生体の様々な部分の構造をつくっています。酵素・抗体・ホルモンなどもタンパク質からできていて、ヒトの体の中のタンパク質は約 10 万種類あります。

参 考

ヒトの体は以下のような多くのタンパク質からできている

- ◉ クリスタリン …… 水晶体の細胞に存在する
- ◉ コラーゲン …… 皮膚の細胞に存在し、強度を保つ繊維
- ◉ ヘモグロビン …… 赤血球の成分。酸素を運ぶ
- ◉ アクチン・ミオシン …… 筋組織をつくる

タンパク質は、アミノ酸という物質が多数つながった物質です。動物とって重要なタンパク質は、肉や魚などの食物に含まれるタンパク質を摂取することで得ます。

食物に含まれるタンパク質は、消化によって胃や小腸でアミノ酸に分解され、体内に吸収されます。アミノ酸は、血液により各細胞まで運ばれて細胞内に取り込まれます。細胞の中で、これらのアミノ酸を材料として、各細胞が必要とするタンパク質を合成します。どのようなタンパク質をつくるかは、その細胞の核にあるＤＮＡの塩基配列の情報によって決められます。

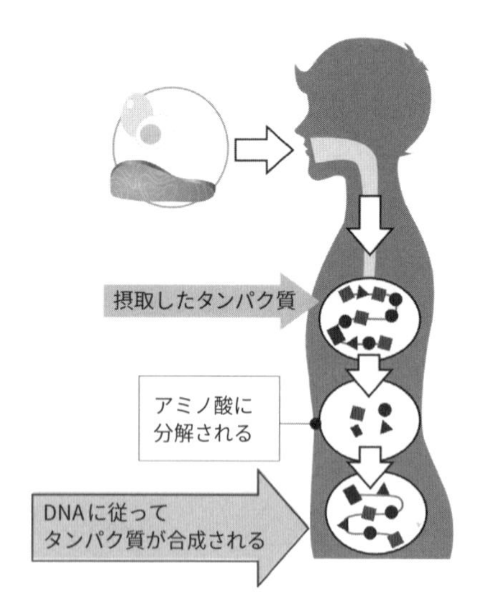

アミノ酸の種類・数・配列によって異なるタンパク質がつくりだされます。なお、ヒトを構成する10万種類のタンパク質は20種類のアミノ酸からできています。

タンパク質の合成

生物の体内で合成されるタンパク質は、DNAに基づいてつくられています。このとき、RNA（リボ核酸）という物質がDNAの情報伝達において重要な役割をします。RNAには、mRNAやtRNAなど、用途により複数種類があります。

《 タンパク質合成の流れ 》

DNA 遺伝情報（塩基配列）⇨ RNA ⇨ アミノ酸 ⇨ タンパク質

次のページの図は、DNAの情報の読み取りからタンパク質を合成するまでの流れを表しています。図と説明に目を通し、タンパク質の合成の流れを確認しましょう。

《タンパク質の合成》

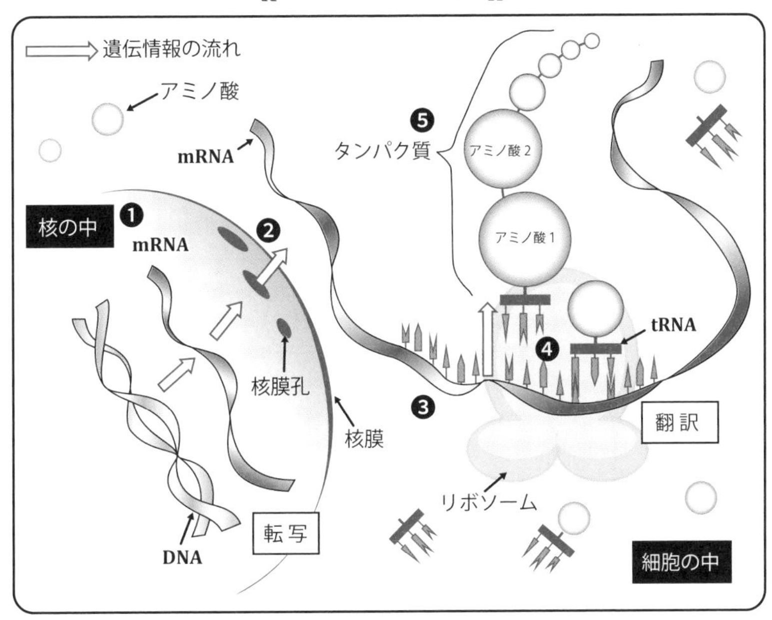

① 核内の DNA の塩基配列による遺伝情報が、塩基の相補性により mRNA に写し取られる（転写）

※ RNA（リボ核酸）という物質は、核中の DNA にある膨大な情報の中から目的のタンパク質合成の情報がある部分を写し取る。核内の DNA の塩基配列が mRNA（伝令RNA）に写し取られることを転写という

② 核膜孔から mRNA が核外に出る

③ mRNA がリボソームと結合する

④ mRNA の３つの塩基が１組となり、１つのアミノ酸が指定され、tRNA より運ばれるアミノ酸を結合していく（翻訳）

※ mRNA に写し出された連続した３つの塩基配列が１種類のアミノ酸を指定する。この３つの塩基配列とアミノ酸を結びつける働きをするのが tRNA（運搬 RNA）と呼ばれる物質である。tRNA によって細胞質基質内に多量に存在するアミノ酸がリボソームに運ばれ、mRNA で指定された順番で結合していく。これを翻訳という

⑤ アミノ酸が運ばれ、いくつも連なりタンパク質が合成される

※ アミノ酸が互いにつながれていき、タンパク質が合成される。アミノ酸同士が結合すると、tRNA はアミノ酸から離れて、再び細胞基質内に放たれる

このようにして、遺伝情報は、DNA → RNA →アミノ酸→タンパク質へと流れていきます。この流れをセントラルドグマといいます。１つの遺伝情報（DNA）に対し複数の mRNA を作ることができるため、一度に大量のタンパク質を合成することが可能となります。このようにして DNA の遺伝情報からタンパク質が合成されることを遺伝子が発現するといいます。

RNA（リボ核酸）

RNAの構造についてみていきましょう。RNAとDNAは、共に核内にある物質なので**核酸**といいます。RNAもDNAと同様にヌクレオチド（p. 40参照）が鎖状につながってできた物質ですが、RNAはDNAと異なり**1本鎖**です。また、DNAの糖がデオキシリボースに対し、RNAの糖の種類は**リボース**といいます。RNAの塩基は、アデニン（A）、グアニン（G）、シトシン（C）、ウラシル（U）の4種類の塩基があります。

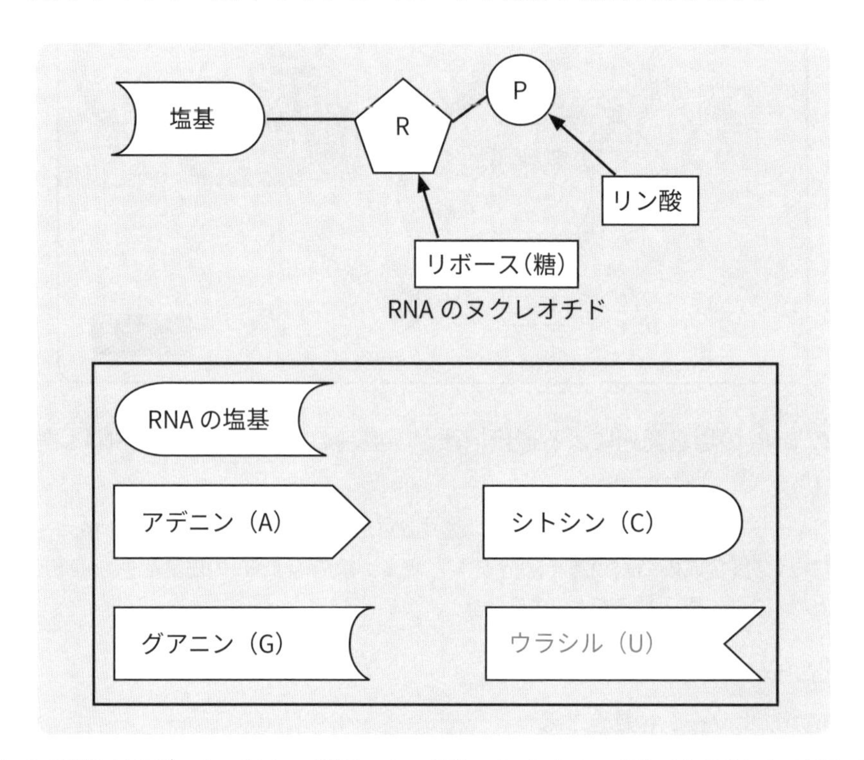

RNAの塩基はアデニン（A）・グアニン（G）・シトシン（C）はDNAと共通ですが、RNAはチミン（T）の代わりにウラシル（U）が含まれるという違いがあります。RNAには、DNAの情報をもとにアミノ酸の種類や配列を指定するmRNAと、アミノ酸を運ぶtRNAなどがあります。

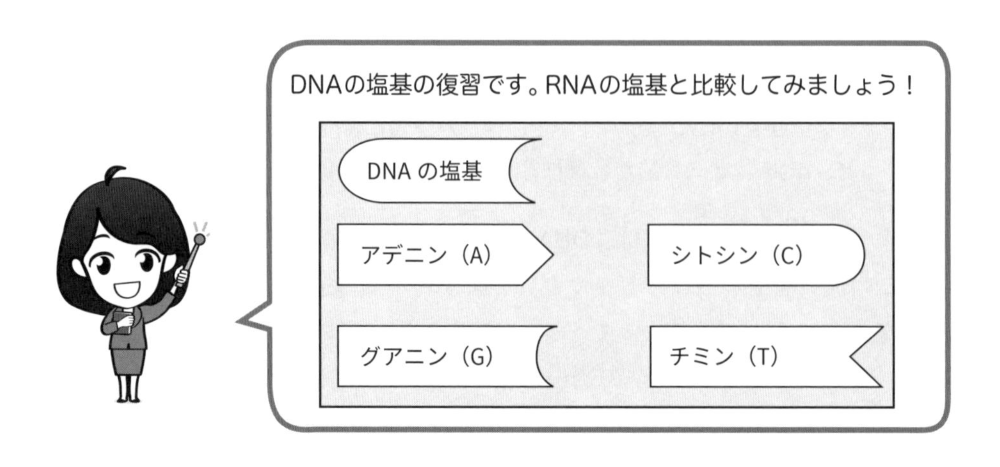

転写の過程

mRNAが核内で、タンパク質を合成するために必要な部分のDNA情報を写し取ることを転写といいます。その過程は以下のように行われます。

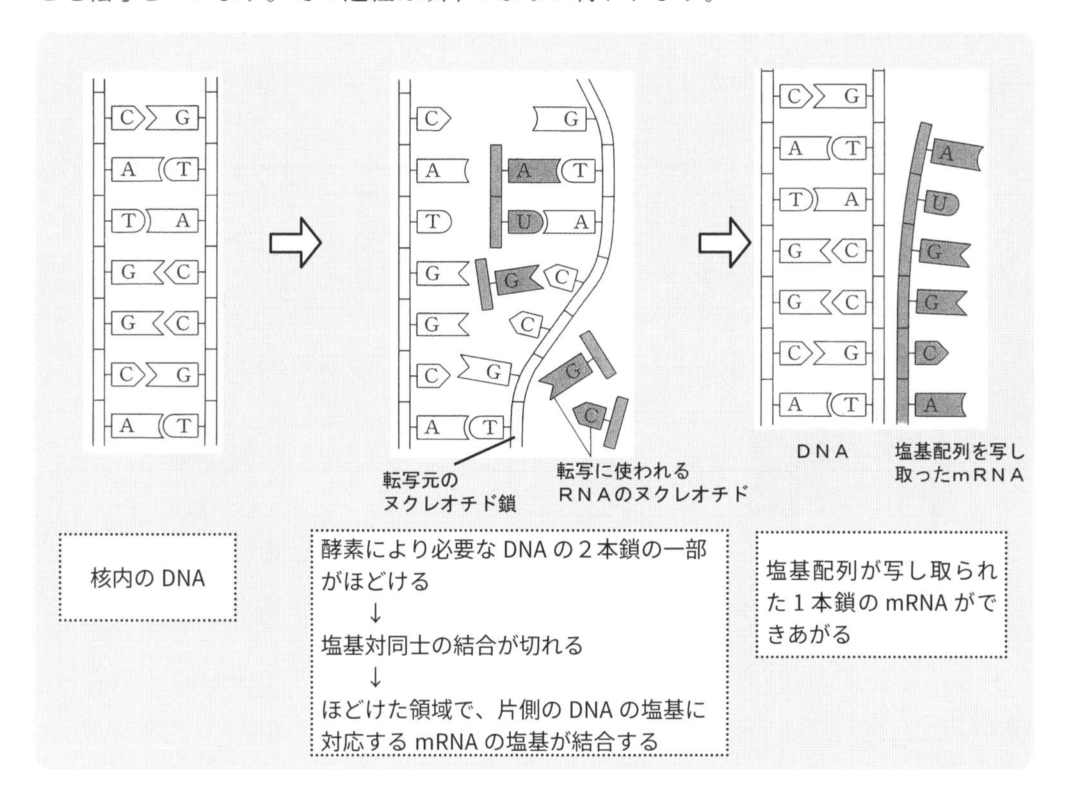

このとき、塩基の相補性に従ってDNAとRNAの塩基が結合します。隣り合うRNAがつながりDNAの塩基配列を写し取った1本のRNAができます。DNAとRNAの塩基は、AとU、TとA、CとG、が結合し塩基対を形成します。

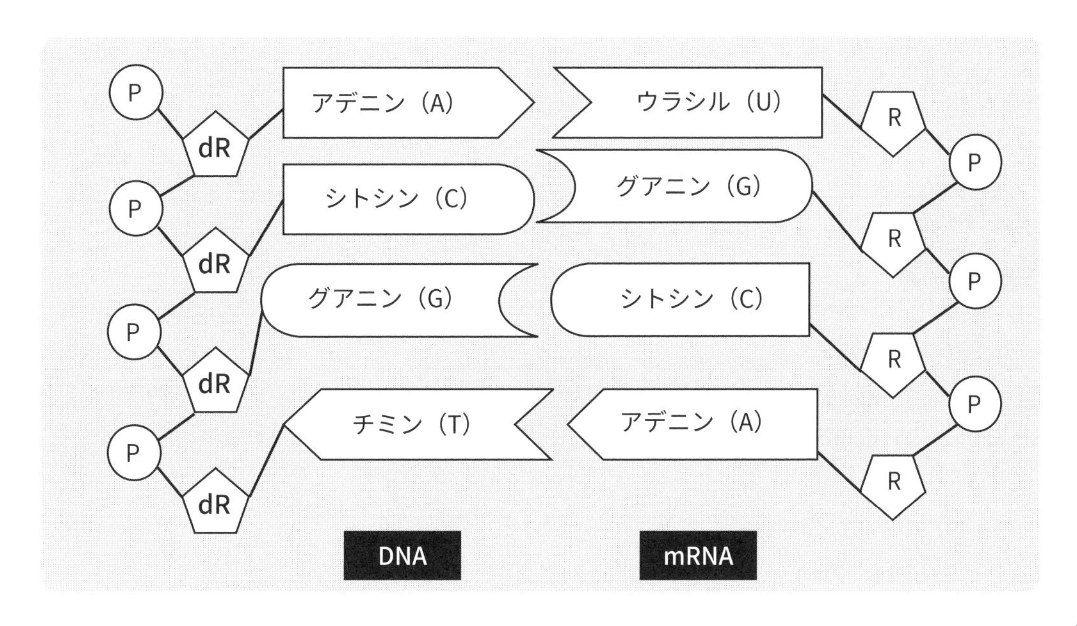

翻訳

転写されたmRNAは核膜孔を通り、核外に出ると、リボソームと結合します。リボソームはmRNA（伝令RNA）の塩基３つの並び方で１つのアミノ酸を指定します。すると、tRNAが細胞内に存在するアミノ酸を運び、m RNAの塩基配列にしたがってアミノ酸を結合していきます。mRNAの３つの塩基配列で１つのアミノ酸が指定されます。

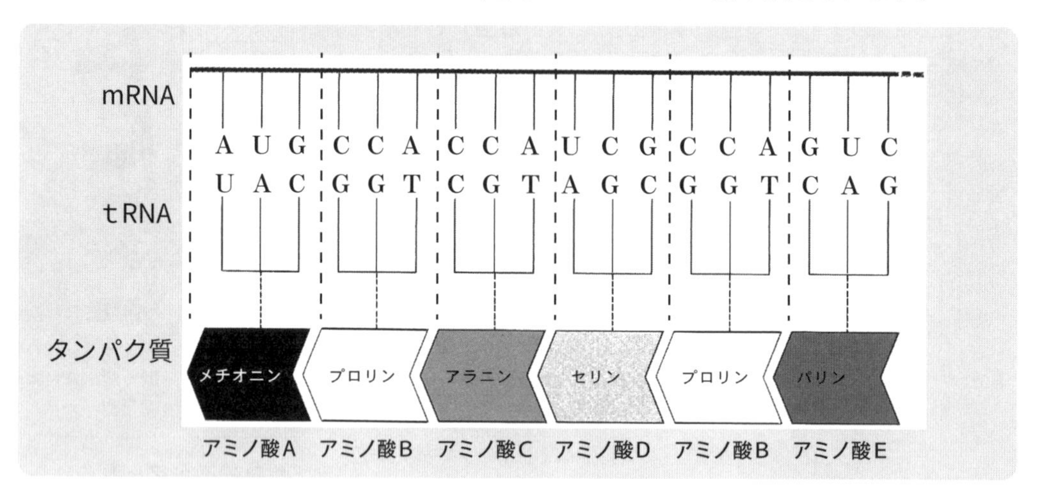

遺伝暗号表

ヒトの体内には10万種類のタンパク質が存在します。それらのタンパク質は、20種類のアミノ酸によって指定されます。たとえば、毛髪の成分であるケラチンというタンパク質は、18種類のアミノ酸から構成されています。

mRNAの４種類の塩基配列（A・C・G・U）のうち、**３つの塩基配列（トリプレット）**で１種類のアミノ酸が指定されます。それぞれのトリプレットが、どのアミノ酸を指定するかを表したものを**遺伝暗号表**といいます。遺伝暗号表では、トリプレットがmＲＮＡの塩基配列で表されています。各トリプレットのことを**コドン**（遺伝暗号の単位）といいます。そして、tRNAの塩基３個の配列を**アンチコドン**といいます。

次のページの遺伝暗号表を見てみましょう。たとえば、コドンの１番目の塩基が「A」、２番目の塩基が「C」、３番目の塩基が「U、C、A、G」が指定する塩基配列は「ACU」「ACC」「ACA」「ACG」の４つであることがわかり、これらはトレオニンというアミノ酸を指定することが、この表から分かります。

【参考：遺伝暗号表】

1番目の塩基	2番目の塩基 U		2番目の塩基 C		2番目の塩基 A		2番目の塩基 G		3番目の塩基
U	UUU	フェニルアラニン	UCU	セリン	UAU	チロシン	UGU	システイン	U
					UAC		UGC		C
	UUC		UCC		UAA	【終始コドン】	UGA	【終始コドン】	A
					UAG		UGG	トリプトファン	G
C	CUU	ロイシン	CCU	プロリン	CAU	アルギニン	CGU	アルギニン	U
	CUC		CCC		CAC		CGC		C
	CUA		CCA		CAA	グルタミン	CGA		A
	CUG		CCG		CAG		CGG		G
A	AUU	イソロイシン	ACU	トレオニン	AAU	アスパラギン	AGU	セリン	U
	AUC		ACC		AAC		AGC		C
	AUA		ACA		AAA	リシン	AGA	アルギニン	A
	AUG	【開始コドン】メチオニン	ACG		AAG		AGC		G
G	GUU	パリン	GCU	アラニン	GAU	アスパラギン酸	GGU	グリシン	U
	GUC		GCC		GAC		GGC		C
	GUA		GCA		GAA	グルタミン酸	GGA		A
	GUC		GCG		GAG		GGG		G

上記の遺伝暗号表より読み取れる特徴として、次の２つがあります。

◉１種類のアミノ酸を指定する塩基の組み合わせは、複数ある場合がある
例）アミノ酸の１つであるロイシンを表すトリプレット（3 種類の塩基）は、
CUU、CUC、CUA、CUG の４つある
◉開始コドン（AUG）と終始コドン（UAA、UAG、UGA）がある
これらは、翻訳の開始や終了をするための目印である

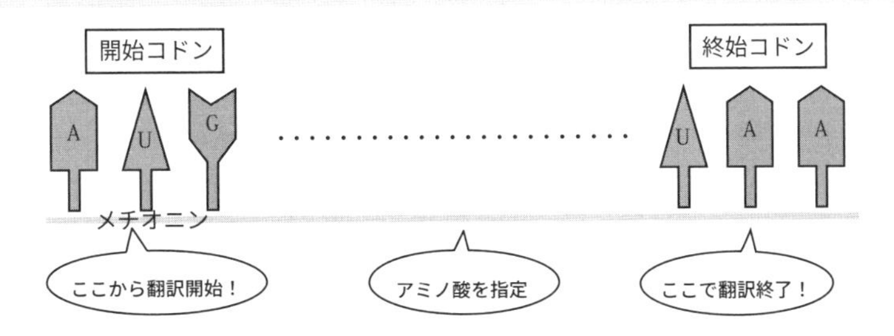

参考

開始コドン（AUG）は、開始コドンの役割をするとともに、メチオニンというアミノ酸を指定するコドンでもある。いっぽう、終始コドン（UAA、UAG、UGA）は、アミノ酸に対応していない。

細胞の分化

生物の体を構成する細胞は、皮膚の細胞、筋細胞など各々異なった形態と機能をもっています。これらの異なる細胞は、１個の受精卵が細胞分裂を繰り返して生じたものです。このように、細胞が特定の形やはたらきをもった細胞に変化することを**細胞の分化**といいます。

分化がおこるときに、細胞の中の全ての遺伝子が発現するのではなく、その細胞に**必要な遺伝子のみが発現**します。たとえば､赤血球ではヘモグロビン遺伝子が発現します。筋細胞ではミオシン遺伝子が発現しますが、ヘモグロビン遺伝子は発現しません。一つの生体に存在するすべての細胞は同じ遺伝子を持っていますが、それぞれの細胞で発現する遺伝子は異なります。どの遺伝子が発現するかによって、つくられるタンパク質の種類が異なり、細胞の性質に違いが生じます。

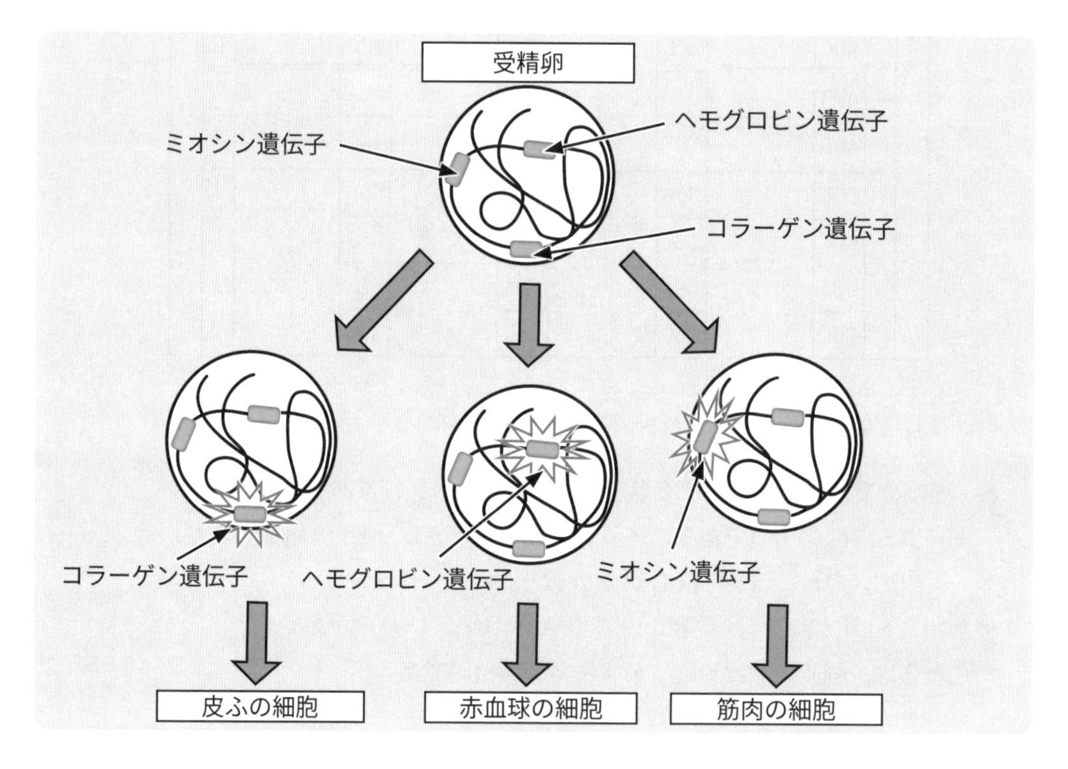

	コラーゲン遺伝子	ヘモグロビン遺伝子	ミオシン遺伝子	呼吸遺伝子
皮ふの細胞	＋	－	－	＋
赤血球の細胞	－	＋	－	＋
筋肉の細胞	－	－	＋	＋

＋：発現している　－：発現していない

※呼吸にかかわる酵素のように、どの細胞にも必要なタンパク質はどの細胞でも発現している

ガードンの実験

分化した細胞は、受精卵と同様にすべての遺伝情報が含まれています。このことを、生物学者ガードンが以下の実験により明らかにしました。

実験手順

① アフリカツメカエル（褐色）の未受精卵の核に紫外線をあて、不活性化する。
② 白色オタマジャクシの腸の上皮細胞の核を移植する。

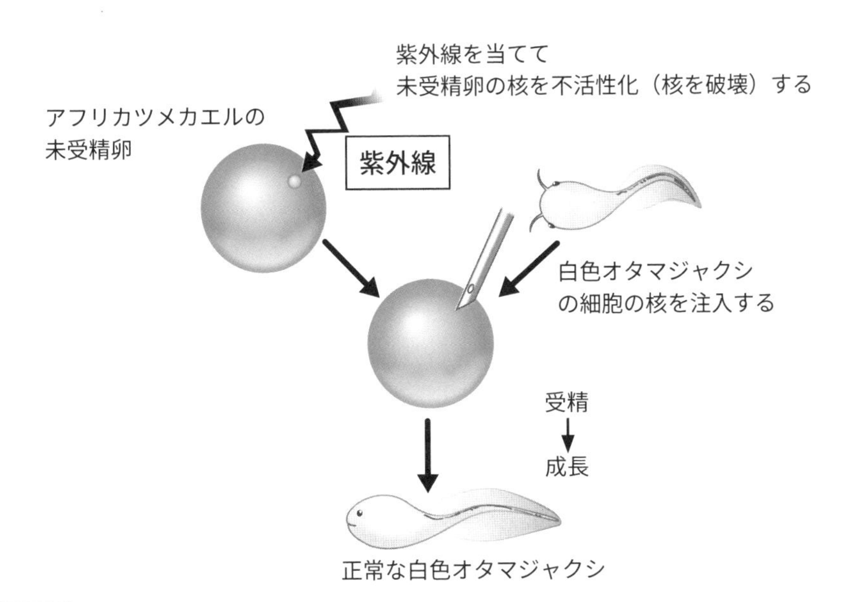

結果

褐色カエルの未受精卵より白色オタマジャクシが誕生した。

考察

分化した後の核を移植しても、完全な個体（成体）が形成された。この結果から、分化した後の細胞には、その個体を形成するために必要なすべての遺伝子があり、完全な個体を形成する能力をもつ性質（分化全能性）があることがわかった。

参考 iPS 細胞

iPS 細胞とは、一度分化された細胞を分化される前の状態に戻した細胞のことをいう。2006 年に山中伸弥氏によって発見された。皮膚の細胞などに、ある 4 つの遺伝子を組み込むと、細胞を分化前の状態に初期化することができる。そして、それをさまざまな細胞に成長させることができる。このことから、iPS 細胞は臓器移植や薬の研究開発への利用が期待されている。

パフの観察実験

目的

ユスリカの幼虫の頭部近くのだ腺の細胞では、巨大な染色体を観察することができます。この染色体のところどころにパフという膨らみがみられます。パフは、染色体を構成するDNAがほぐれて広がった部分です。異なる成長段階の幼虫の染色体を、染色液を使って観察します。

実験方法

① 各成長過程のユスリカの幼虫のだ腺を摘出する。
② メチルグリーン（DNAを青緑色に染める）とピロニン染色液（RNAを赤色に染める）を滴下し、DNAとRNAを染色する。
③ 顕微鏡で観察する。

結果

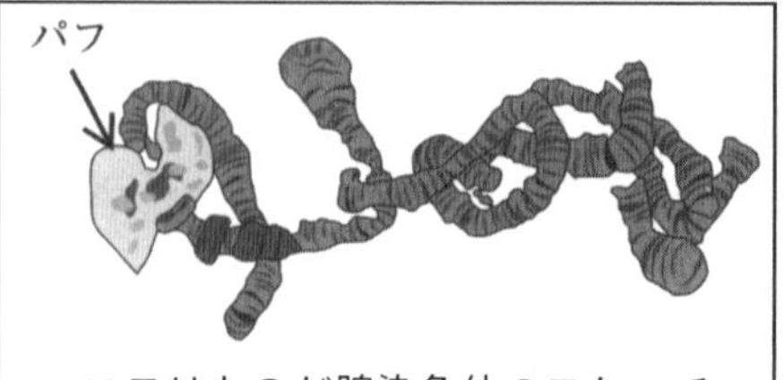

ユスリカのだ腺染色体のスケッチ

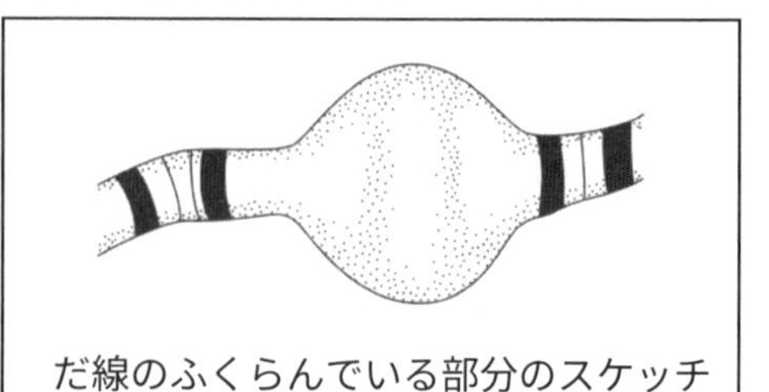
だ線のふくらんでいる部分のスケッチ

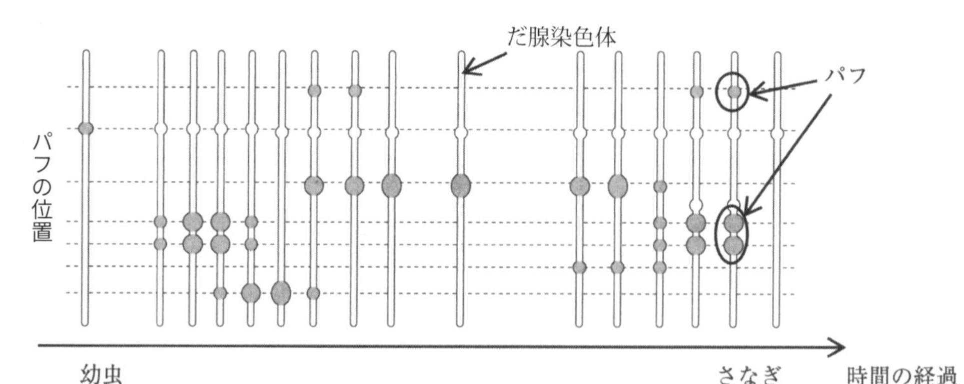

【発生過程で変化する染色体上のパフと位置と大きさ】

〈高認 R. 2-2　図をもとに作成〉

考察

さなぎになるにつれパフの位置（遺伝子の種類）と大きさ（転写の活発さ）が変化している。つまり、1つのパフは1つの遺伝子に対応している。パフではそれぞれの遺伝子がmRNAに転写されている。

Step 基礎問題

（　）問中（　）問正解

■ 各問の空欄に当てはまる語句をそれぞれ①～③のうちから一つずつ選びなさい。

問1　筋肉や酵素等の主要な構成成分は（　　　）である。

① 脂質　② 炭水化物　③ タンパク質

問2　タンパク質は（　　　）が多数結合したものである。

① 酢酸　② アミノ酸　③ 脂肪酸

問3　タンパク質を構成するアミノ酸の種類は（　　　）種類ある。

① 2　② 20　③ 200

問4　タンパク質はアミノ酸の種類と数と（　　　）によって決まる。

① 色　② 大きさ　③ 並び方

問5　下図は、遺伝情報の流れる過程である。DNA の遺伝情報を RNA に写し取ることを（ア）といい、RNA の塩基配列の情報に従ってアミノ酸を結合することを（イ）という。

DNA　→　RNA　→　アミノ酸・タンパク質
　　（ア）　　（イ）

	（ア）	（イ）
①	翻訳	転写
②	複製	翻訳
③	転写	翻訳

問6　RNA は（　　　）核酸という。

① デオキシリボ　② デオキシリボース　③ リボ

問7　DNA と RNA をまとめて（　　　）という。

① 遺伝子　② 核酸　③ ゲノム

解答

問1：③　問2：②　問3：②　問4：③　問5：③　問6：③　問7：②

問8　DNA と RNA にみられるような、リン酸－糖－塩基の単位を（　　　　）という。

① デオキシリボ　② ヌクレオチド　③ ゲノムサイズ

問9　RNA は、（　　　　）本鎖である。

① 1　② 2　③ 3

問10　DNA のチミン（T）の代わりに、RNA には（　　　　）がある。

① ウラシル（U）　② アデニン（A）　③ シトシン（C）

問11　RNA の塩基（　　　　）つの並び方で 1 つのアミノ酸を指定している。

① 1　② 2　③ 3

問12　ある細胞が特定の形やはたらきをもった細胞に変化することを（　　　　）という。

① 分割　② 分裂　③ 分化

問13　筋肉を構成する細胞は、その細胞の遺伝子のうち、筋肉のタンパク質を作るのに必要な遺伝子だけが（　　　　）する。

① 発現　② 分化　③ 合成

問14　パフの観察実験で、だ腺のふくらんでいる部分（パフ）は DNA から mRNA へ（　　　　）が行われている。

① 転写　② 翻訳　③ 複製

問15　パフの観察実験で、パフの位置の違いは遺伝子の（　　　　）の違いである。

① 数　② 大きさ　③ 種類

問8：②　問9：①　問10：①　問11：③　問12：③　問13：①　問14：①　問15：③

(　)問中(　)問正解

■ 次の各問いを読み、問１～６に答えよ。

問１　遺伝子に関する説明として適切なものを、下の①～④のうちから一つ選べ。

① 分化した細胞では、発現していない遺伝子は消滅する。
② すべての細胞において、すべての遺伝子が発現している。
③ 筋肉になる細胞内に、コラーゲンを合成する遺伝子はない。
④ 異なる組織や器官の細胞では、異なる遺伝子が発現している。

問２　細胞内でのタンパク質合成について、遺伝情報の流れとして適切なものを、下の①～④のうちから一つ選べ。

① アミノ酸 → RNA → DNA → タンパク質
② DNA → RNA → アミノ酸 → タンパク質
③ DNA → RNA → タンパク質 → アミノ酸
④ タンパク質 → アミノ酸 → RNA → DNA

問３　白い系統カエルの未授精卵に紫外線を当てて核を不活性化したのち、黒い系統カエルの幼生の細胞の核を移植した結果誕生したカエルとして適切なものを、下の①～③のうちから一つ選べ。〈高認 R. 3-1 改〉

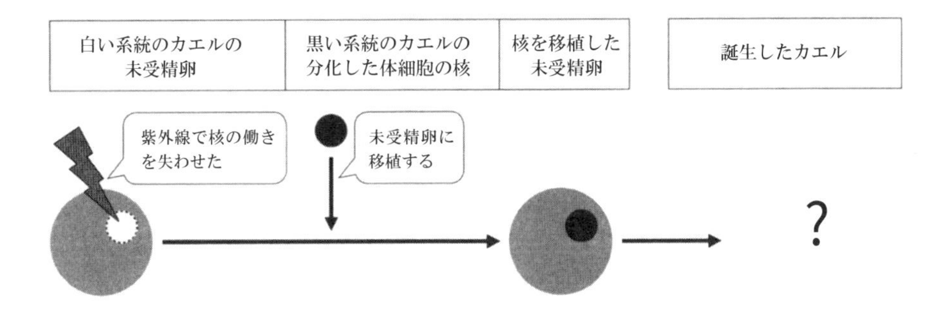

① 黒いカエル　② 白いカエル　③ 灰色のカエル

問４　ハエやユスリカなどの幼虫のだ腺の細胞で観察される膨らみ（パフ）の説明として適切なものを、下の①〜③のうちから一つ選べ。

① この部分では細胞分裂が活発におこなわれており、DNA が複製されている。
② この部分では凝縮した染色体が部分的にほどけている。ここでは、遺伝子が mRNA に転写されている。
③ この部分では mRNA の塩基配列の並びからアミノ酸が指定されタンパク質が合成されている。

問５　ハエやユスリカなどの幼虫のだ腺細胞で観察される膨らみ（パフ）の観察実験よりわかることとして適切なものを、下の①〜④のうちから一つ選べ。

① 常に染色体の全ての部分で遺伝子が転写されている。
② 幼虫の発達段階で必要となる染色体の特定の部分でのみ遺伝子が転写されている。
③ パフの位置と幼虫の成長に関連性はない。
④ パフの膨らみ部分では DNA が複製され細胞分裂が行われている。

問６　図１の mRNA の配列をもとに結合するアミノ酸をならべたものとして適切なものを、図２のコドンとアミノ酸の対応表を参考に、下の①〜④のうちから一つ選べ。

① ヒスチジン ＝ アラニン ＝ トリプトファン ＝ トレオニン
② ヒスチジン ＝ トリプトファン ＝ アラニン ＝ ロイシン
③ ヒスチジン ＝ アラニン ＝ トリプトファン ＝ ロイシン
④ ヒスチジン ＝ トリプトファン ＝ トレオニン ＝ ヒスチジン

図１

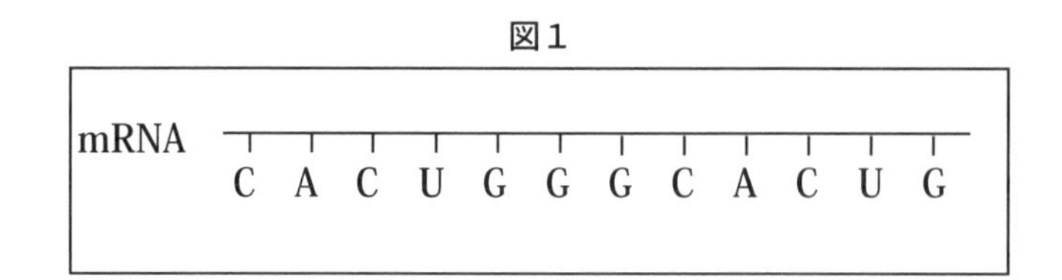

図２

mRNAのコドン	ACG	CUG	UGG	CAC	AUC	GCA	UUA
アミノ酸	トレオニン	ロイシン	トリプトファン	ヒスチジン	イソロイシン	アラニン	ロイシン

解答・解説

問１：④
　全ての細胞は同じ遺伝子をもっています。異なる器官の細胞では、その器官に必要な遺伝子のみが発現します。

問２：②
　核内でDNAの情報がRNAに写し取られます。核外で、RNAの情報をもとにアミノ酸がつくられ、タンパク質が組み立てられます。

問３：①
　ガードンの実験です。この実験より、黒い系統のカエルの分化した体細胞のゲノムは分化前と変わらないことがわかります。

問４：②
　１つのパフは１つの遺伝子に対応します。パフではDNAからRNAへの転写が行われています。

問５：②
　成長に従って、はたらく遺伝子の種類が変化していきます。

問６：②
　mRNAの塩基配列を左から３つずつ読み取り、表より対応するアミノ酸を選びます。

第3章

体内環境の維持

1. 体内環境の特徴

体内環境（体温・水分量など）を一定に保つための体の仕組みを理解しましょう。体を巡る体液の種類と、その役割の違いにも注目してください。

Hop｜重要事項

体内環境

皮膚以外の生物の細胞は**体液**という液体に囲まれています。この体液は、細胞にとっての環境であり、体液が作る環境を**体内環境**といいます。生物の体の外では、光・温度・水分などの環境が変化します。体液は外界からの変化を緩和してくれるため、外界からの体内環境への影響を少なくすることができます。外部の環境の変化を察知して、体内環境を一定に保とうとする調整のしくみを**恒常性**（こうじょうせい）（**ホメオスタシス**）といいます。体液は次の３つに分けられます。

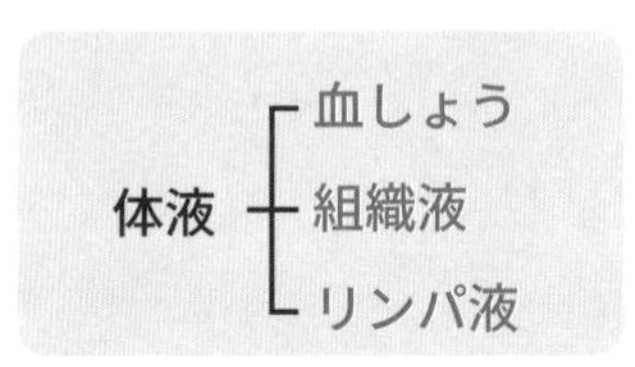

そして、心臓が体液を各器官へ循環させ、細胞は体液との間でさまざまな物質のやりとりを行っています。

血液

血液の中で、液体成分を**血しょう**、固形成分を**血球**（赤血球・血小板・白血球）といいます。血しょうには水分・タンパク質・グルコース・無機塩類などが含まれています。血しょうが毛細血管の壁を通過して細胞のすき間に流れ込んだものが**組織液**です。組織液は、細胞へ酸素や栄養分を運びます。そして、細胞から二酸化炭素や老廃物を回収し、血管に戻します。血しょうと組織液の循環により、体内環境は一定に保たれています。

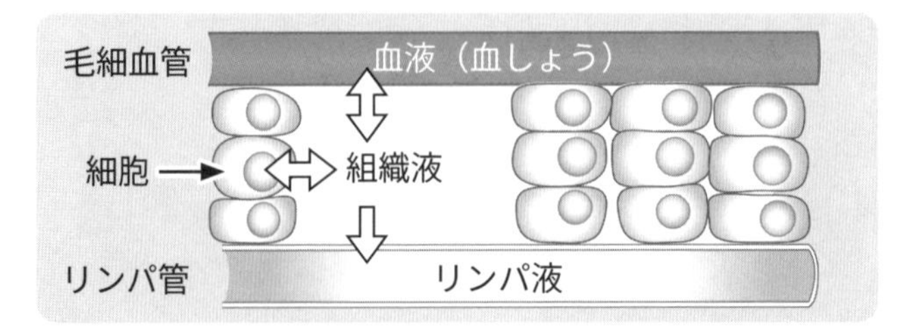

組織液の一部はリンパ管に入りリンパ液となります。

参考 血液の組成

- 固形成分＝血球
  - 赤血球……酸素を運搬する・ヘモグロビンを含む
  - 白血球……病原体などに対する免疫反応に関係する
  - 血小板……血液の凝固に関係する
- 液体成分＝血しょう……水、タンパク質、グルコース、無機塩類、ホルモン等

血球は骨髄にある造血幹細胞より分化したものであるが、大きさと特徴に違いがある。白血球にのみ核が存在し、白血球には好中球・マクロファージ・樹状細胞・リンパ球（T細胞・B細胞）など多くの種類がある。赤血球は成長過程で核がなくなり、中央部がくぼんだ円盤状をしている

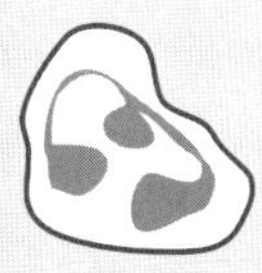

	血小板	赤血球	白血球
核	なし	なし	あり
直径	約２～５μm	約７～8μm	約５～25μm
特徴	血液凝固	酸素を運ぶ	免疫反応

大きさ　小 → 大

白血球
- 好中球
- マクロファージ
- 樹状細胞
- リンパ球（Ｔ細胞やB細胞）など

体液を循環させる血管やリンパ管などを循環系といいます。血液は、心臓のポンプ作用によって体内を循環します。血液が全身を循環する経路を体循環といいます。肺を経由し新鮮な酸素を体に取り込む経路を肺循環といいます。

リンパ管の内部には逆流を防ぐ弁がついており、ゆっくりと一方向に流れています。リンパ管の途中（首の付け根・わきの下・太ももの付け根など）に存在する豆粒状の構造をリンパ節といい、白血球が集まっています。リンパ管は首の付け根あたりの静脈と合流しています。

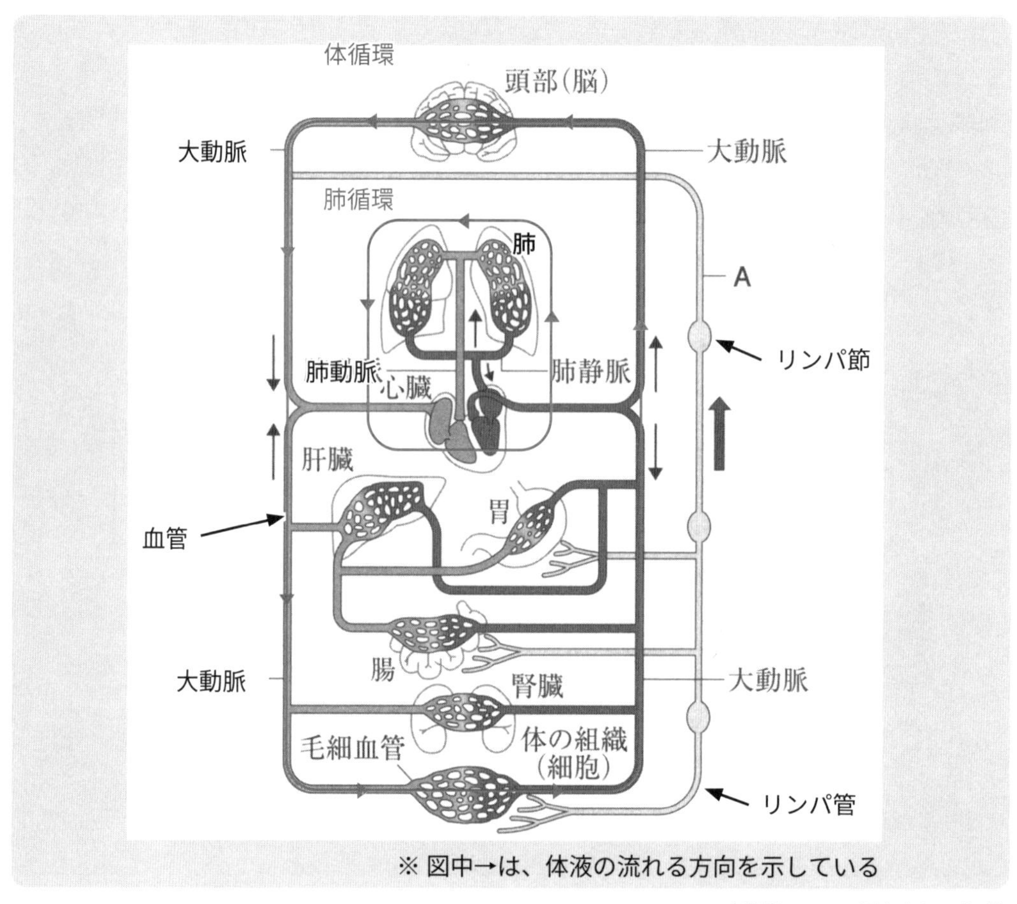

〈高認 R. 1-2　図をもとに作成〉

ヒトは、腸の毛細血管から栄養分や水分を血液中に取り込んでいます。また、血液中の不要物を肝臓で分解して、腎臓で選別して体外に排出しています。これら器官のはたらきを神経系や内分泌系が調節しています。

毛細血管

動脈は、体の各組織にむかって枝分かれして毛細血管につながっています。毛細血管は網目状に分布していて、血管壁の隙間から組織と物質のやりとりを行います。

血小板による止血作用

血管が傷つくと体液が漏れ出たり病原菌が侵入するなど、体内環境に大きな影響を及ぼします。そのため、血液には傷口をふさぐしくみが備わっています。**ケガをすると、傷口に血しょう中の血小板が集まり、フィブリン**という網目状のタンパク質が形成されます。このフィブリンが赤血球と絡み合い**血ぺい**を形成して傷口がふさがれ、血液が体外に放出されないようにします。これがかさぶたです。この一連の過程を**血液凝固**といいます。その後、傷口が修復されると血ぺいが溶けて元の状態に戻ります。これをフィブリン溶解（線溶）といいます。

血液の流れが悪くなると血管内で血液凝固がおこり、血液が固まって血栓ができることがあります。

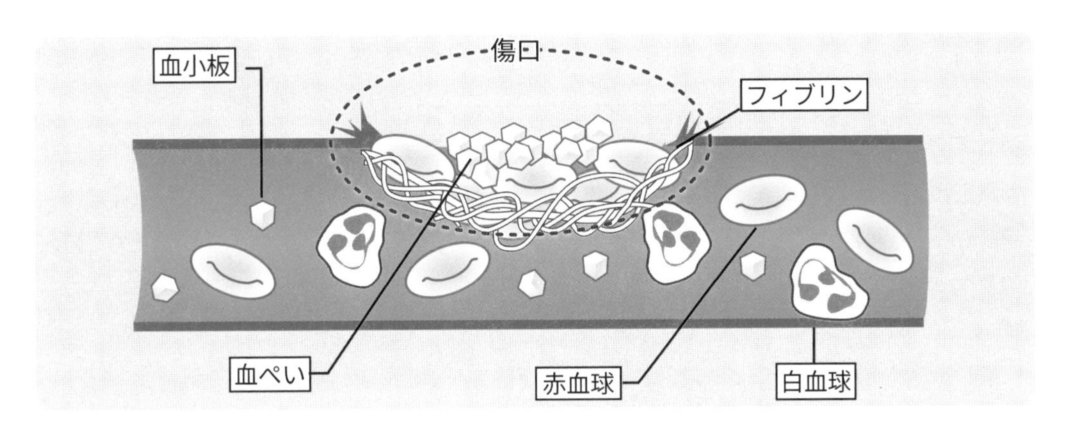

参考 フィブリンが形成されるしくみ

血管が切れて出血すると、傷ついた組織から血液凝固因子が放出されて、血小板から血液凝固因子が放出される。これと、血しょう中のカルシウムイオンが作用して、血しょう中に酵素ができる。この酵素により、血しょう中のタンパク質からフィブリンが作り出される。

血清

血液を採取して試験管に入れて放置すると、血液凝固が生じ、暗赤色のかたまりと黄色みがかった上澄みに分離します。このかたまりが**血ぺい**で、上澄みを**血清**といいます。血ぺいはフィブリンと血球からできています。血清には免疫物質などが含まれています。

（p. 123 血清療法参照）

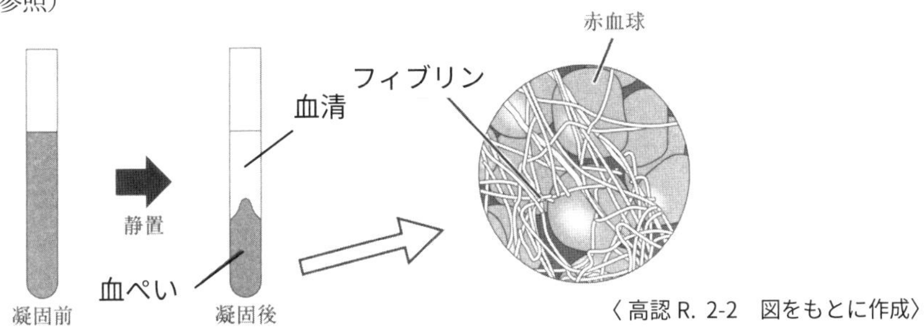

〈高認 R. 2-2　図をもとに作成〉

参考　赤血球の酸素解離曲線

赤血球には、ヘモグロビンという鉄を含んだタンパク質が存在する。酸素はヘモグロビンによって体の組織に運ばれ、肺で酸素濃度が最も高くなる。このとき、ヘモグロビンの多くは酸素と結合している。酸素とヘモグロビンが結びついたものを酸素ヘモグロビンという。

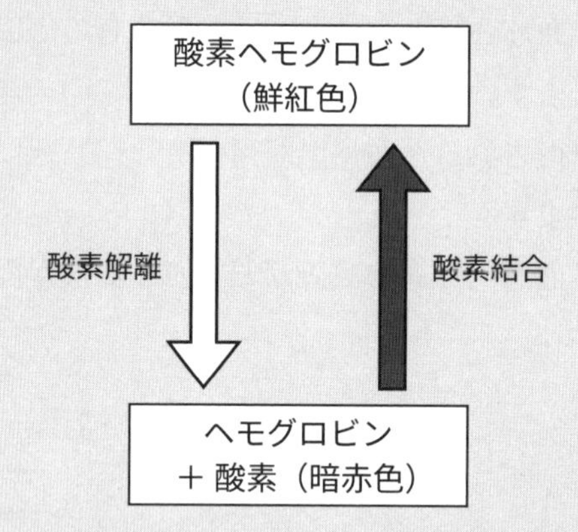

酸素濃度が高くなると酸素ヘモグロビンが増える。酸素濃度が低くなると、酸素ヘモグロビンが酸素とヘモグロビンに分かれ、酸素ヘモグロビンが減るという性質がある。組織付近では、運動や呼吸など活動がさかんなため、酸素の消費が多くなり、酸素濃度が低くなる。そのため、酸素ヘモグロビンが酸素を解離して組織へ酸素を受け渡す。

酸素と結びついたヘモグロビンは、鮮紅色（せんこうしょく）という鮮やかな赤色をしている。解離したヘモグロビンは、暗赤色（あんせきしょく）という暗い赤色をしている。

動脈を切ると鮮紅色の血液が流れ出るのは、動脈を流れる血液に酸素ヘモグロビンが多く含まれるからです。静脈を切ると暗赤色の血液が流れ出るのは、酸素と解離したヘモグロビンが多く含まれるためです。

酸素ヘモグロビンの割合と酸素濃度の関係を表したものが、酸素解離曲線である。

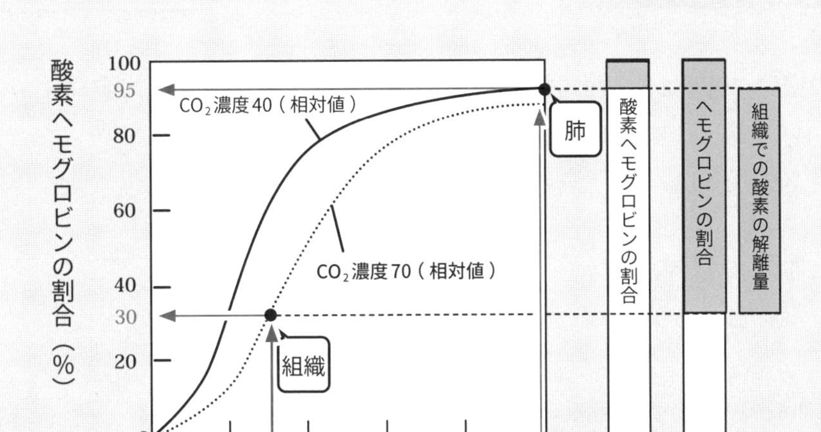

縦軸は酸素ヘモグロビンの割合である（全ヘモグロビンのうち酸素と結合しているヘモグロビンの割合を表している）。横軸は血液中の酸素濃度である。相対値とは、肺での酸素濃度を100 とした時の酸素濃度の割合である。

図中の 2 つの曲線（点線・実線）は、二酸化炭素濃度が異なるときの酸素解離曲線である。同じ酸素濃度のとき、二酸化炭素濃度が低い方（実線）が、酸素ヘモグロビンの量が多くなっている。つまり、二酸化炭素濃度が高くなると酸素ヘモグロビンの割合が減り、二酸化炭素濃度が低くなると酸素ヘモグロビンの割合が増える特徴があることがわかる。これは、細胞呼吸が盛んに行われている二酸化炭素濃度の高い組織付近の細胞では、酸素ヘモグロビンが酸素とヘモグロビンに分かれ細胞に酸素を供給するためである。つまり、酸素ヘモグロビンの割合は、二酸化炭素濃度によって変化することが分かる。

上図より、酸素濃度が 100 で二酸化炭素濃度が 40 の時（肺）、酸素ヘモグロビンの割合は95%である。一方、酸素濃度が 30 で二酸化炭素濃度が 70 の時（組織）、酸素ヘモグロビンの割合は 30%と読み取れる。これらより、95 − 30 ＝ 65%の酸素が、組織において受け渡されたことがわかる。

Step｜基礎問題

（　）問中（　）問正解

■ 各問の空欄に当てはまる語句をそれぞれ①～③のうちから一つずつ選びなさい。

問１　体内環境を一定に保とうと調節するしくみを（　　　　）という。
①　多様性　②　共通性　③　恒常性

問２　細胞を取り囲む液体を（　　　　）という。
①　血しょう　②　リンパ液　③　組織液

問３　血液の中で、赤血球などの有形成分以外の液体成分を（　　　　）という。
①　血球　②　血しょう　③　血液

問４　血球の中で血液凝固のはたらきをするものを（　　　　）という。
①　赤血球　②　白血球　③　血小板

問５　傷口に血小板が集まり、（　　　　）というタンパク質が形成される。
①　ペプシン　②　フィブリン　③　ヘモグロビン

問６　フィブリンが血球と絡み合って形成されるものを（　　　　）という。
①　血ぺい　②　白血球　③　ヘモグロビン

問７　組織液の一部がリンパ管に入り（　　　　）となる。
①　血しょう　②　リンパ液　③　ホルモン

問８　リンパ液は、体内を（　　　　）。
①　一方向に流れる　②　循環している　③　往復している

問９　リンパ節には（　　　　）が多く存在している。
①　赤血球　②　白血球　③　血小板

解　答

問1：③　問2：③　問3：②　問4：③　問5：②　問6：①　問7：②　問8：①
問9：②

問 10　体液を循環させる血管やリンパ管などを（　　　　）という。
① 循環系　② 体循環　③ 肺循環

問 11　血液が全身を循環する経路を（　　　　）という。
① 循環系　② 体循環　③ 肺循環

問 12　血液が肺を経由し、新鮮な酸素を体に取り込む経路を（　　　　）という。
① 循環系　② 体循環　③ 肺循環

問 13　血液を採取し、試験管に入れて放置すると血液凝固が生じる。このときに得られる暗赤色のかたまりを（　　　　）という。
① 血ぺい　② 血清　③ 血糖

問 14　血液を採取し、試験管に入れて放置すると血液凝固が生じる。このときに得られる黄色みがかった上澄みを（　　　　）という。
① 血ぺい　② 血清　③ 血糖

問 15　血清には（　　　　）などが含まれている。
① フィブリン　② 血球　③ 免疫物質

問10：①　問11：②　問12：③　問13：①　問14：②　問15：③

（　）問中（　）問正解

■ 次の各問いを読み、問１～５に答えよ。

問１　次の文章を読み、空欄［ア］［イ］［ウ］［エ］に入る語句として適切なものを、以下の①か②からそれぞれ一つずつ選べ。〈高認 H. 30-1・改〉

> 血液の液体成分である血しょうの一部は、［ア］からしみだして［イ］となり、組織の細胞へ［ウ］を供給したり、老廃物を受け取ったりして、［ア］に戻る。一部は［エ］に入り、リンパ液となる。

ア：①　毛細血管　　②　動脈
イ：①　組織液　　②　血清
ウ：①　二酸化炭素　　②　栄養分
エ：①　リンパ管　　②　毛細血管

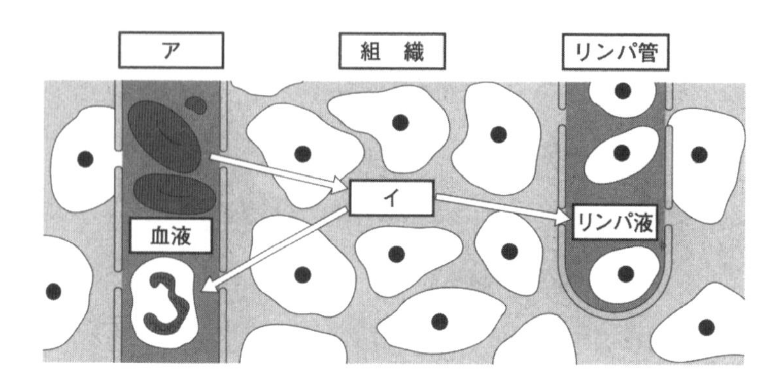

問２　次の文章を読み、空欄［オ］［カ］［キ］に入る語句として適切なものを、以下の①か②からそれぞれ一つずつ選べ。〈高認 H. 29-2・改〉

> けがなどで血管が傷つくと、そこに［オ］が集まり傷口をふさぐ。［オ］から放出された血液凝固因子の作用で、血しょう中に［カ］というタンパク質からなる繊維が形成される。これに血球が絡み合って血ぺいをつくり傷口から流出する血液を固める。血液を試験管に採取してしばらくおくと、血液は血ぺいと血清に分かれる。この時、血ぺいは図の［キ］である。

オ：①　血小板　　②　白血球
カ：①　フィブリン　　②　ヘモグロビン
キ：①　a　　②　b

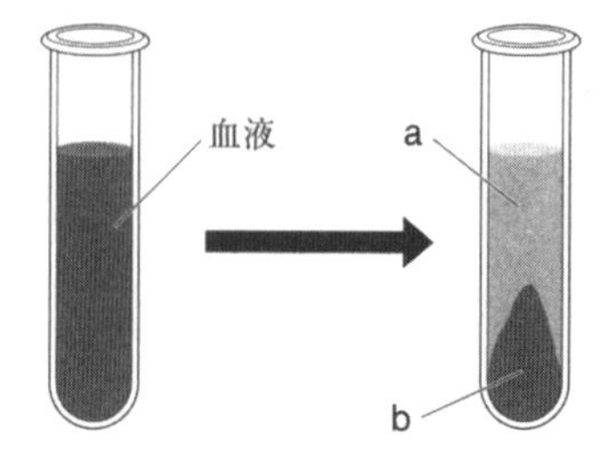

問３　次の文章は、血液の働きについて述べたものである。文章中の空欄 ク ～ コ に入る語句の正しい組合せを、下の①～⑤のうちから一つ選べ。

〈高認 R. 1-1・改〉

傷ついた血管は、血ぺいによって塞ふさがれている間に修復される。修復が終わると、血ぺいは取り除かれる。血液中の酵素により、フィブリンが ク される現象が線溶（繊溶）であり、線溶により血ぺいが取り除かれる。
血液は血管外に出ると ケ するが、同様のことが血管内で起きる場合があり、そうしてできた血液の塊を血栓という。血栓は血管の内壁の損傷部位などで生じる。血栓によって血流が妨げられると血流量が減り、そこを通る血液から コ を供給されていた組織や器官で コ 不足となり、その周囲の細胞が死ぬことがある。

	ク	ケ	コ
①	分解	凝固	酸素
②	分解	溶解	二酸化炭素
③	合成	凝固	二酸化炭素
④	合成	溶解	二酸化炭素
⑤	合成	凝固	酸素

問４　体内環境について、体内環境に関する説明として**適切でない**ものを、下の①～④のうちから一つ選べ。

① 体内環境を一定に保とうとする調整のしくみを恒常性（ホメオスタシス）といい、体液は外界からの変化を緩和するはたらきをもつ。
② 体液を各器官に循環させるはたらきをする臓器は心臓である。
③ 体液の種類は、血しょう、組織液、血球に分けられる。
④ 血しょうは水分・タンパク質・グルコース・無機塩類が含まれる。

問５　体内での循環について、血液の循環に関する説明として**適切でない**ものを、下の①～④のうちから一つ選べ。

① 血液は心臓のはたらきによって循環され、血液は全身を巡った後に再び心臓に戻る。
② 腸の毛細血管から栄養分や水分が取り込まれ、それらは細胞に運ばれてエネルギーに変換される。
③ 血液の循環は、体循環と肺循環に分けられる。
④ 血液中の不要物は腎臓で分解し、肝臓で選別して体外に排出される。

解答・解説

問1：ア：①　イ：①　ウ：②　エ：①

問2：オ：①　カ：①　キ：②

血液を試験管の中に入れて静置すると、血ぺいが沈殿します。上澄みを血清といいます。血ぺいは赤血球を含むため赤色をしています。血清は薄黄色の透明な液体です。

問3：①

血管が傷つくと、血しょう中にフィブリンと呼ばれる物質がつくられ、これが血球とからみあって血ぺいとなります。血液が血管外に出ると、このような過程で凝固が起こります。血管の修復が終わると、血液中の酵素のはたらきによりフィブリンが分解され、血ぺいが取り除かれます。また、同様のことが血管内で起きる場合があり、これを血栓と言います。血栓ができると、そこを通る血液から酸素を供給されていた組織や器官で酸素不足となり、周囲の細胞が死ぬことがあります。したがって、正解は①となります。

問4：③

適切でない選択肢を選ぶことに注意しましょう。③について、体液の種類は、血しょう、組織液、リンパ液に分けられます。血球は含まれません。したがって、正解は③となります。

問5：④

適切でない選択肢を選ぶことに注意しましょう。④について、血液中の不要物を分解するのは肝臓、体外に排出するのは腎臓です。したがって、正解は④となります。

2. 体内環境を維持するしくみ

交感神経・副交感神経のはたらきを区別できるようにしましょう。血糖値を上げる・下げる仕組みは流れをしっかりと理解しましょう。各ホルモンの名称とはたらきはしっかりと覚えましょう。

神経系と内分泌系

ヒトのからだには、細胞から細胞へ情報を伝えるために**神経系と内分泌系**という２つのしくみがあります。神経系は､細胞から細胞に情報を伝えます。いっぽう内分泌系は､細胞から血液中に分泌された物質を別の細胞が血液を介して受け取ることで情報を伝えます。

ヒトの神経系

体を動かすときや音や光などの刺激を受けたときに、ヒトは神経を介して体を動かしたり音や光を認知して反応しています。これらの情報を伝達するヒトや脊椎動物の神経系は、下図のように区分けされます。

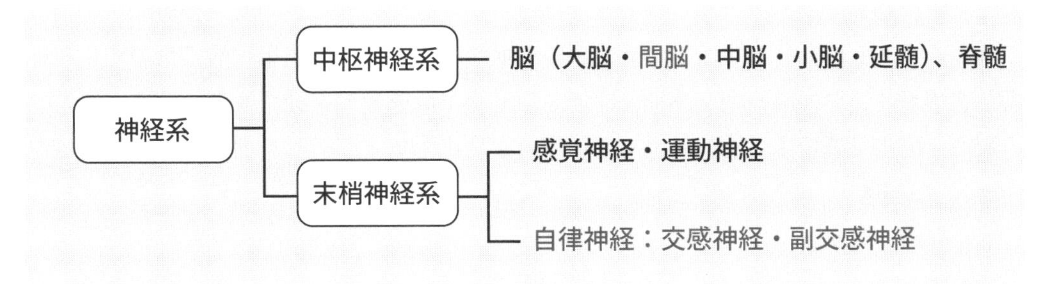

中枢神経は全身から伝えられた情報を処理し、全身の器官に命令を出す司令塔としての役割をもちます。末梢神経系は、中枢神経系からの情報を運動器官に伝える運動神経や、感覚器官（目・耳・皮ふ等）からの情報を中枢器官に伝える感覚神経などがあります。また､自律神経は交感神経と副交感神経が協調しながら内臓等の機能を調節します。

感覚神経や運動神経は、はたらいていることを意識することができますが、自律神経系のはたらきは意識することが困難です。

間脳の視床下部は、体温や血糖値・無機塩類の濃度、血圧の変化を敏感に感知し、信号を送りだします。それを**自律神経系が受け取り、体の各器官へと伝えています**。

交感神経は脊髄から出ていて各器官とつながっていて、**興奮状態にあるときや活発に活動するときにはたらきます**。副交感神経は、脳や脊髄から出て各器官につながっていて、**食事や休息のときにはたらきます**。ほとんどの器官が交感神経と副交感神経の両方が分布していますが、立毛筋や汗腺などは交感神経のみが分布しています。

立毛筋とは毛穴の周りについている筋肉の事です。動物が興奮すると毛が逆立つのは、交感神経がはたらき立毛筋が収縮するためなのです。

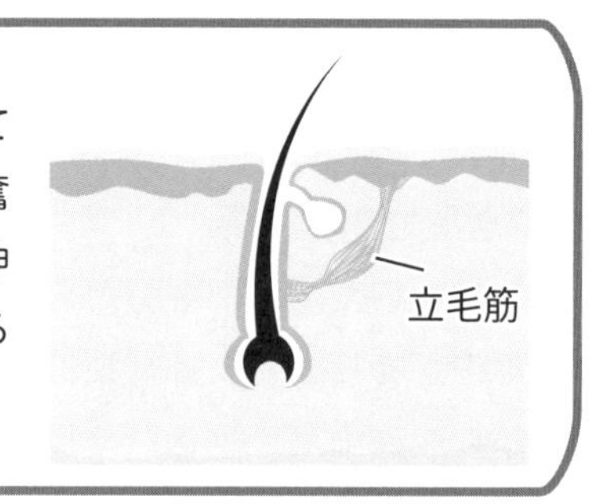

交感神経と副交感神経

自律神経系は、**交感神経**と**副交感神経**に分けられます。自律神経のはたらきを自分の意思で調節することはできません。無意識のうちに体内環境を調節しています。

ほとんどの器官は交感神経と副交感神経の両方がつながり、**拮抗的に作用**しています。拮抗的とは、片方が器官のはたらきを促進すれば、もう片方が抑制するという意味です。たとえば、心臓は交感神経から指令を受けると速く強く拍動し、副交感神経からの指令ではゆっくりと拍動します。これは、延髄が血液中の二酸化炭素量や酸素量の変化を延髄が感知し、交感神経や副交感神経を通じて心臓に収縮速度を速くする、遅くするという命令を出すためです。これにより心拍速度が変化して、心臓から血液を送り出す量を調節しています。

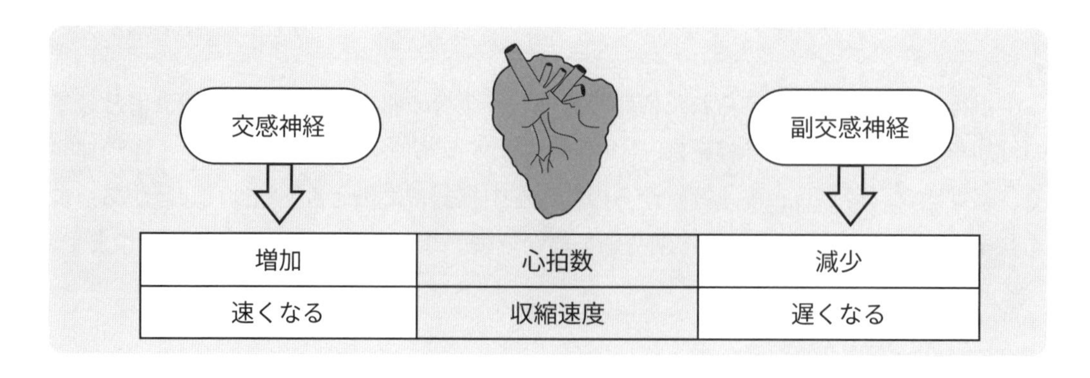

交感神経		副交感神経
増加	心拍数	減少
速くなる	収縮速度	遅くなる

《ヒトの自律神経の主な働き》

	ひとみ	心臓（拍動）	気管支	胃腸（ぜん動）	肝臓（グリコーゲン）	立毛筋
交感神経	拡大	促進	拡張	抑制	分解	収縮
副交感神経	縮小	抑制	収縮	促進	合成	なし

《自律神経系の分布》

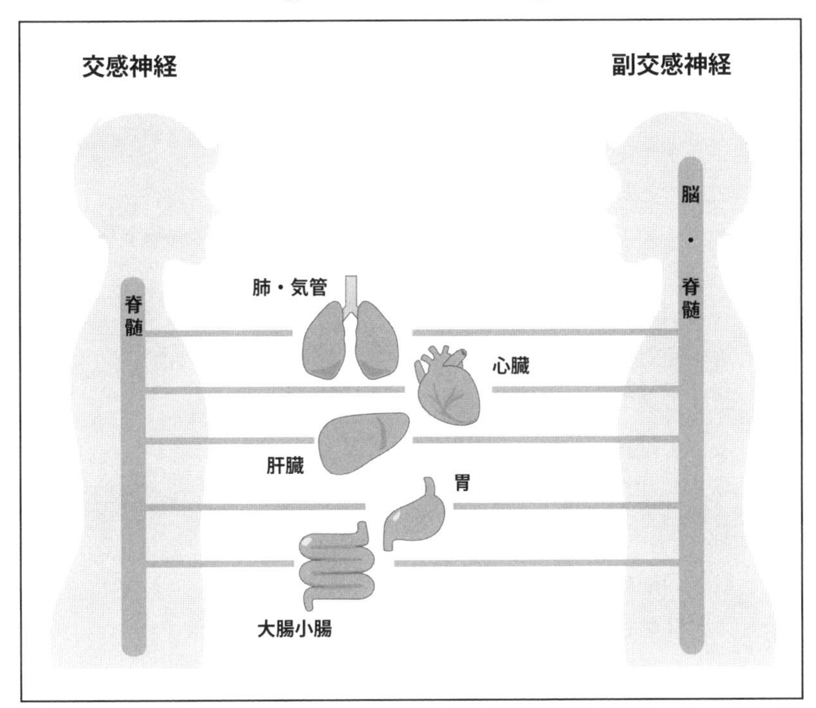

神経系は神経細胞（ニューロン）により構成されています。神経細胞同士が電気信号を伝えることにより、長い距離を短時間で情報を伝えることができます。

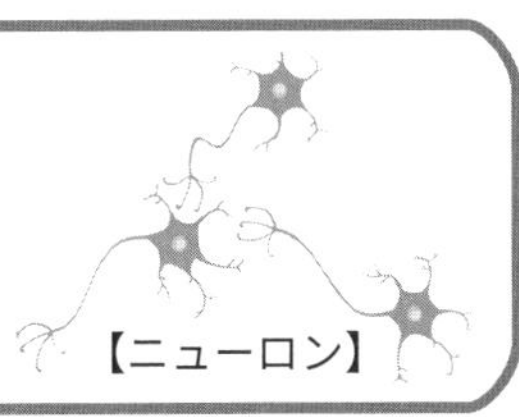

脳の構造

脳は、大きく分けて**大脳**・**小脳**・**脳幹**の３つに分けられます。脳幹は、間脳・中脳・橋（きょう）・延髄（えんずい）に分けられます。

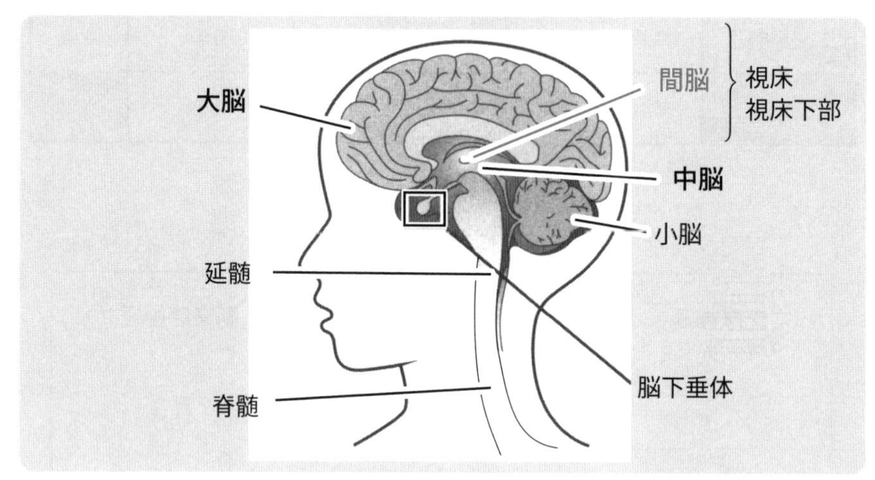

〈高認 R. 1-1　図をもとに作成〉

《脳の各部位の名称と機能》

◉ 大脳 …… 情報を処理する部分。学習・運動・感覚・言語・記憶などの活動を行う
◉ 小脳 …… 運動の調節や体の平衡を調節する

脳幹
◉ 中脳 …… 姿勢の維持・眼球や瞳孔の調節をする
◉ 間脳 …… 視床下部では自律神経系のはたらきを調節する。体温・血圧・血液濃度等の調節を行う
◉ 延髄 …… 心臓の拍動や呼吸を調節する
◉ 脊髄 …… 脳と体の各部分と自律神経によりつながっている

脳の中で、体内環境の変化を感知して自律神経に指令をだしているのは間脳の視床下部です。事故や病気により大脳の機能が失われると、意図したとおりの運動や言語活動ができなくなります。大脳の機能が失われている状態で、脳幹の機能が保たれ呼吸や心臓の拍動が維持されていることを植物状態といいます。これに対して、大脳とともに小脳や脳幹のはたらきも失われ、脳の機能が停止すると呼吸や心臓の拍動が停止し死に至ります。死に至る状況であっても、人工呼吸器等の使用により心臓や呼吸の機能を維持している状態を脳死といいます。植物状態と脳死は異なるものです。脳死であると判定された場合は、**臓器提供**が可能となります。臓器提供には、本人の提供の意思と家族の同意が必要です。臓器提供意思表示カードにより、15 歳以上より臓器提供の意思表示ができます。

内分泌系

各器官への指令は、自律神経系によるものとは別にホルモンがはたらきます。内分泌系では、ホルモンという物質によって情報を伝えます。**ホルモン**は、**内分泌腺**や**内分泌細胞**でつくられ、血液中に放出されます。ホルモンには、血液の循環により全身に運ばれ、**少量でも**特定の器官に作用することができます。神経系ほど早く情報を伝達することはできませんが、持続的にはたらくことができます。

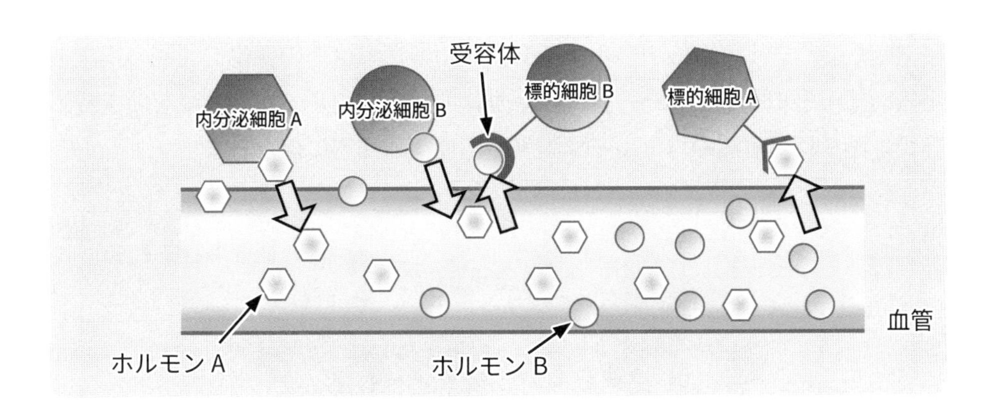

上の図のように、内分泌細胞 A から血液中に分泌されたホルモンは、特定の細胞（標的細胞（ひょうてきさいぼう））に作用します。この細胞は、特定のホルモンと結合することができる**受容体**（じゅようたい）をもっています。ホルモンと受容体が結合することで、その作用を示すことができます。１種類のホルモンが多種の標的細胞に作用する場合もあります。

ホルモンが作られる内分泌腺や内分泌細胞は血管とつながっていて、分泌物を血液中に分泌します。これに対して、外分泌腺は、物質を体外に分泌するための腺です。汗腺・乳腺・唾液腺などがあります。

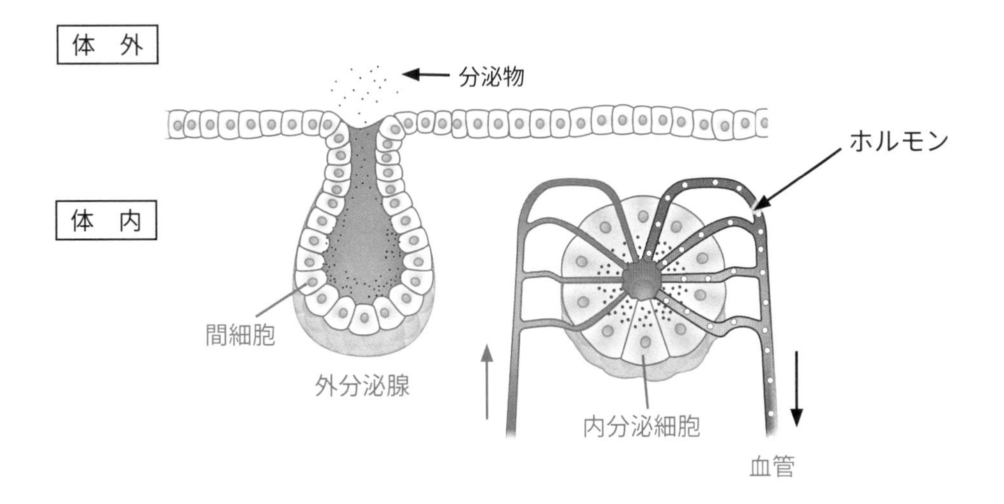

ホルモンの分泌量の調節

　ホルモンは少量で体に大きな影響を与えます。そのため、ホルモンの分泌の調整は正確に行われる必要があります。この時、重要な役割をもつものが間脳の視床下部とそれにつながる脳下垂体です。

脳下垂体のホルモンによる調節

　図は、視床下部にある脳下垂体の模式図です。視床下部には、ホルモンを分泌する神経分泌細胞があります。血液中のホルモン濃度や塩類濃度等の変化を間脳の視床下部や脳下垂体前葉が感知すると、その後、脳下垂体前葉よりホルモンの分泌を促す放出ホルモン等が分泌され、血液中のホルモン濃度が適性な範囲内に保たれます。

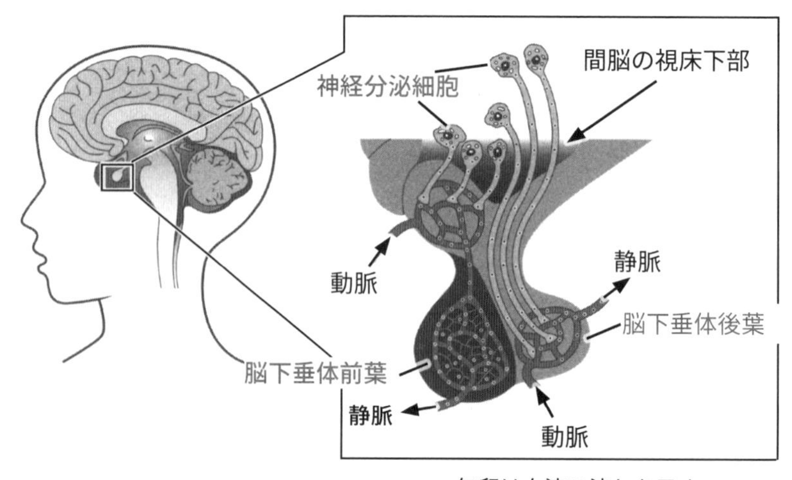

矢印は血液の流れを示す

〈高認 R. 1-1　図をもとに作成〉

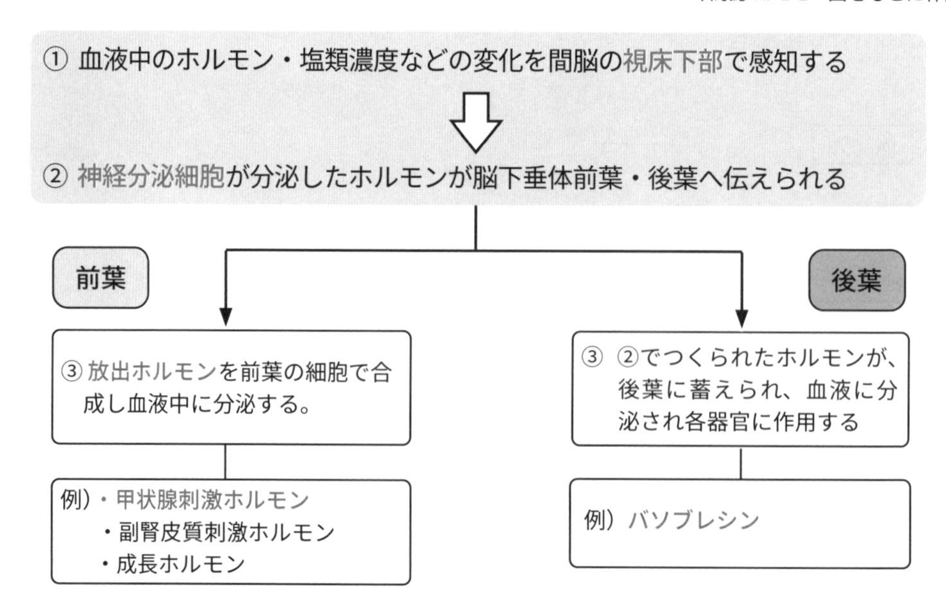

※代謝とは体内でエネルギーを合成・分解することです（p. 21 参照）

フィードバック

ホルモンの濃度の調節は、血中のホルモン自身が関わっています。ホルモン自身が一連の反応系の前段階に戻り、血中のホルモン濃度を適切に調整するしくみのことを**フィードバック**といいます。

喉仏の下辺りにある甲状腺から分泌される**チロキシン**は、代謝を高めるホルモンです。チロキシンの血中濃度が高いときには、視床下部や脳下垂体前葉の甲状腺刺激ホルモン分泌を抑制するように指示がでます。逆に、チロキシンの血中濃度が低いときには、ホルモン分泌を増加するように指示がでます。

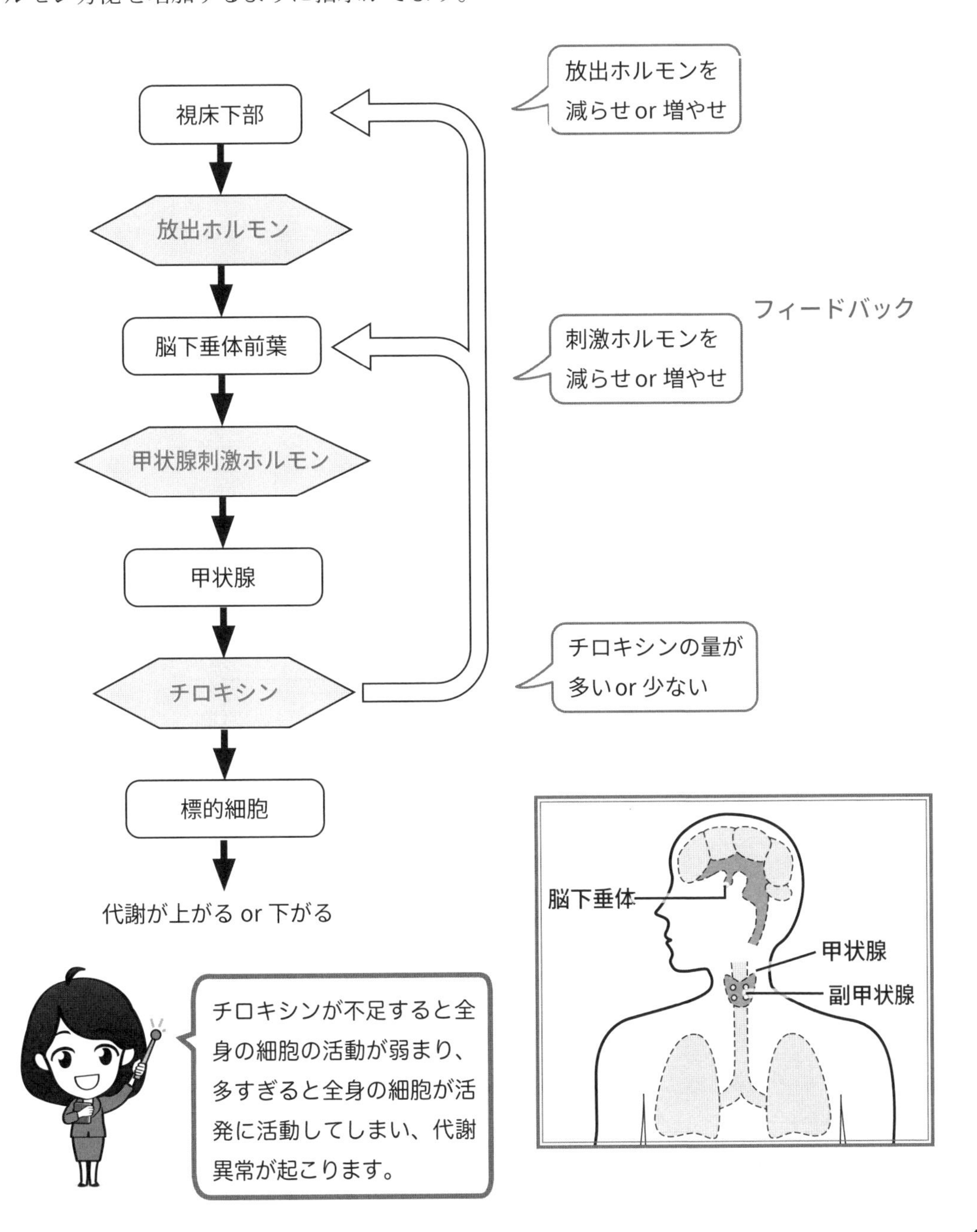

血糖値の調節

グルコースは細胞のエネルギー源です。体外から吸収されたグルコースは血液によって細胞に運ばれます。血液中のグルコースのことを**血糖**といい､その濃度を**血糖濃度**（血糖値）といいます。血糖濃度の調節は、とても重要です。

ヒトの血糖値は、空腹時で血液 100mL 中に約 100㎎ 前後とほぼ一定の濃度に保たれています。大脳はグルコースを栄養源にしているため、これより血糖濃度が減ると脳の機能が低下してしまい、目まいや意識障害が生じます。血糖濃度が高くなると、腎臓での糖の再吸収が間に合わず尿に糖が排出されます。血糖濃度が高い状態が続くと血管などの組織が障害を受けて視力低下や四肢の壊死等が起こる場合があります。

◉ 高血糖のとき

① 血中の血糖値が増加すると、すい臓の**ランゲルハンス島の B 細胞**が感知して**インスリン**を分泌する
② 間脳の視床下部でも同様に血糖値の上昇を感知して**副交感神経**を通して、すい臓のランゲルハンス島の B 細胞からインスリンを分泌するように働きかける
③ インスリンは、肝臓や筋肉で**グルコースをグリコーゲン**に合成して、脂肪組織にグルコースを取り込むようにはたらきかける
④ 血中の血糖値が低下する
⑤ インスリンの分泌が止まる

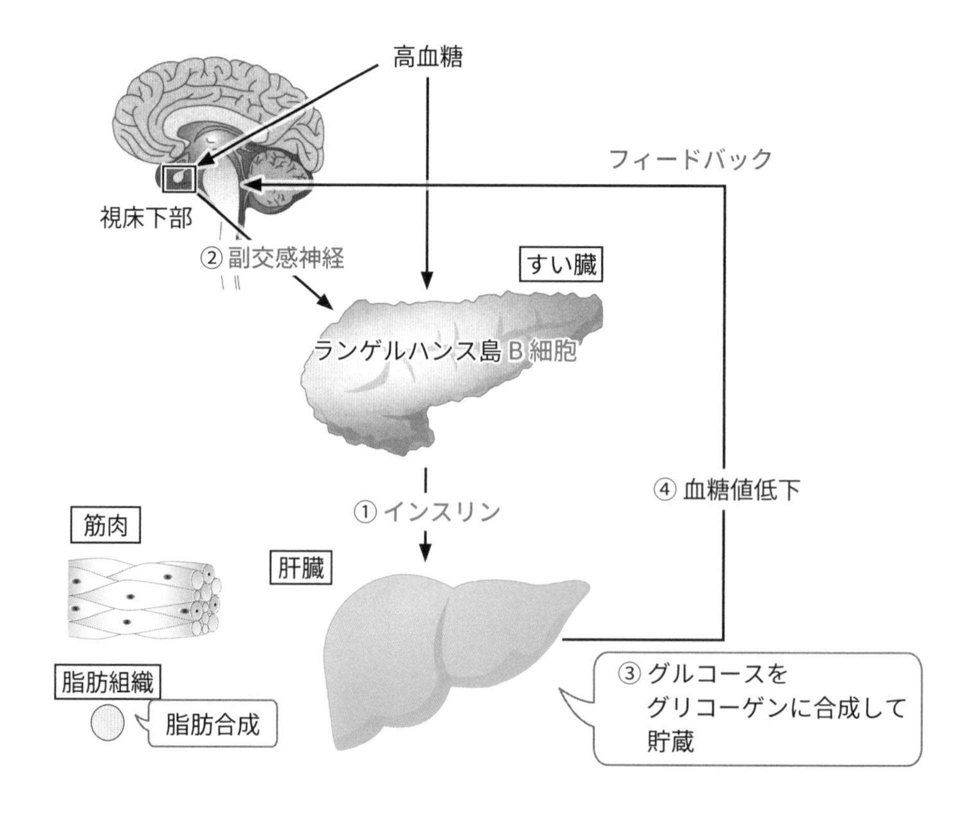

◉ 低血糖のとき

① 血中の血糖値が減少すると、すい臓にあるランゲルハンス島の A 細胞が感知し、グルカゴンを分泌する
② 視床下部から交感神経を通し副腎髄質(ふくじんずいしつ)からアドレナリンが分泌される
③ ①・②により、肝臓で、グリコーゲンよりグルコースを生成し血中に供給する
④ ③でも血糖値が上がらない場合、視床下部は、交感神経を通して副腎皮質(ふくじんひしつ)から糖質コルチコイドを分泌させる
⑤ ④により、筋組織を分解してグルコースを生成する
⑥ 血中の血糖値が増加し、各ホルモンの分泌が止まる

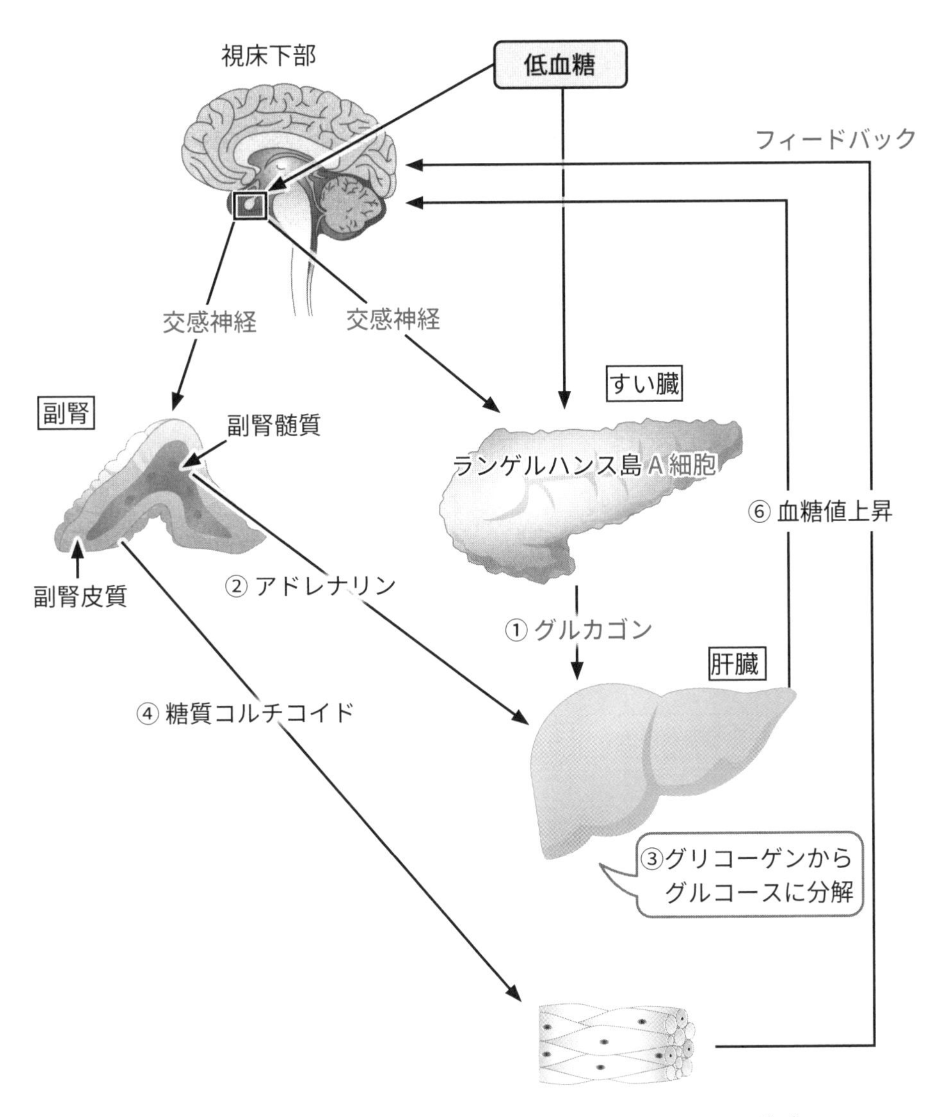

糖尿病

血糖濃度の調節機能が正常に働かなくなり血糖濃度が高い状態 (= 高血糖) が続き、尿から血糖が排出されている状態を糖尿病といいます。

糖尿病はその原因によってⅠ型糖尿病・Ⅱ型糖尿病に分けられます。

《 糖尿病の種類 》

◉ Ｉ型糖尿病 …… ウイルス感染や遺伝などによって、すい臓のランゲルハンス島のＢ細胞が損害を受けているためインスリンの分泌量が少なくなることで起こる。若年より発病することが多い。インスリンを日常的に注射する治療が必要となる

◉ Ⅱ型糖尿病 …… ランゲルハンス島のＢ細胞の傷害以外の原因でのインスリンの分泌量の低下や、標的細胞がインスリンに反応しにくくなる事で起こる。加齢・生活習慣などが原因となるため、食事療法や運動療法などが効果的で、生活習慣の見直しをする必要がある。日本ではⅡ型糖尿病が糖尿病患者の９割以上を占めている

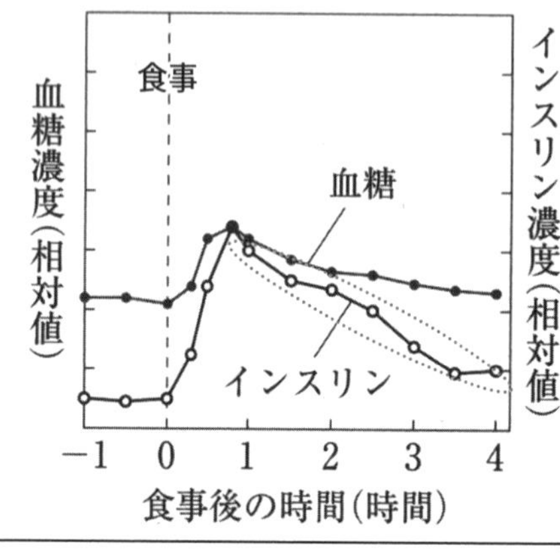

図１：健康な人のインスリンと血液濃度

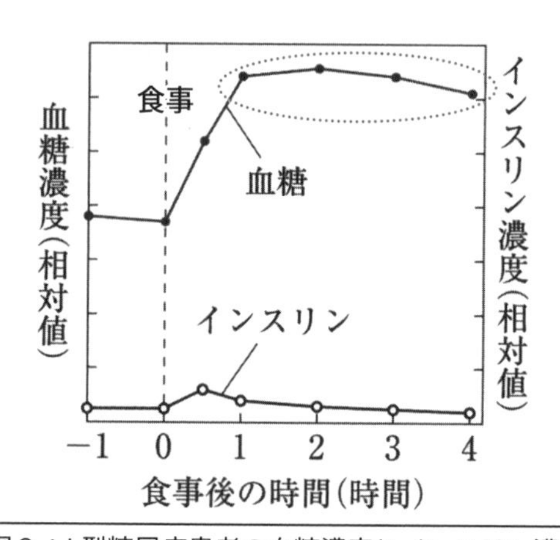

図２：Ｉ型糖尿病患者の血糖濃度とインスリン濃度

〈高認 R. 2-2　図をもとに作成〉

図１より、食事（０時間）の後で血糖濃度が上昇している事が分かります。この時、インスリンが分泌されて血糖濃度が下がっています。また､血糖濃度が下がるとともに、インスリンの分泌量も少なくなっています。

図２のⅠ型糖尿病患者の血糖濃度は食事前から高い値であり、食事とともにさらに上昇しています。インスリン濃度は食前・食後で変化が少ないために、血糖値を下げる事ができずに、血糖濃度が高い状態が長時間続いています。Ⅱ型糖尿病患者も、Ⅰ型糖尿病患者と同様に食後に血糖濃度が下がりません。しかし、Ⅱ型糖尿病患者の場合、インスリンが分泌されますが、標的細胞が反応しない場合もあります。

参 考 血糖値調節とヒトの進化

血糖値低下（飢餓状態）は、ヒトにとって致命的である。そのために、長い進化の中で二重三重に防ぐしくみが備わった。しかし、現代のような飽食の時代は、ここ 100 年内にヒトに起こったことであるため、まだ高血糖に対するしくみがヒトには十分に備わっていない。このことが、肥満や糖尿病などの問題を生み出す原因となっている。

体温調節のしくみ

ヒトなどの恒温動物は、外気温が変化しても体温を一定に保つ仕組みが備わっています。これには自律神経系と内分泌系の両方が働いています。

◉ 体温が上昇したとき：交感神経・副交感神経の両方が作用して、体温を下げる

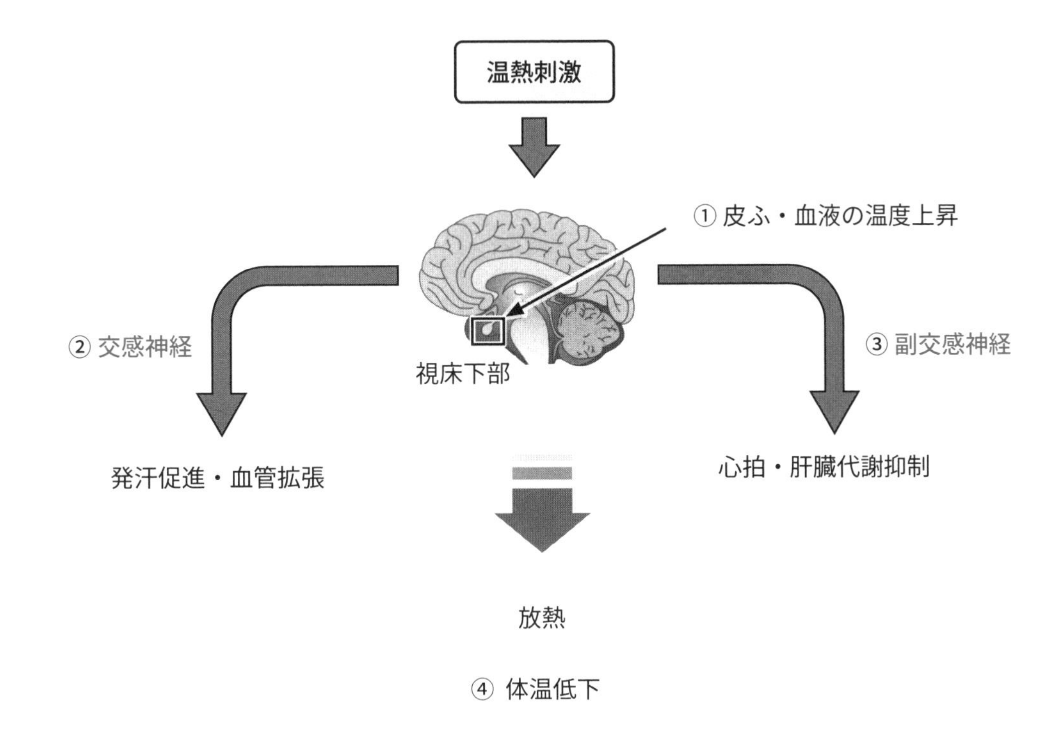

◉ 体温が低下したとき：交感神経とホルモンが作用する

① 寒冷刺激により皮ふ・血液の温度が低下を感知する
② 間脳の視床下部より指令が出て交感神経を介して、血管・汗腺・立毛筋が収縮し放熱を抑える
③ 間脳の視床下部より指令が出て甲状腺よりチロキシンが分泌されて、肝臓や筋肉での代謝を促進する

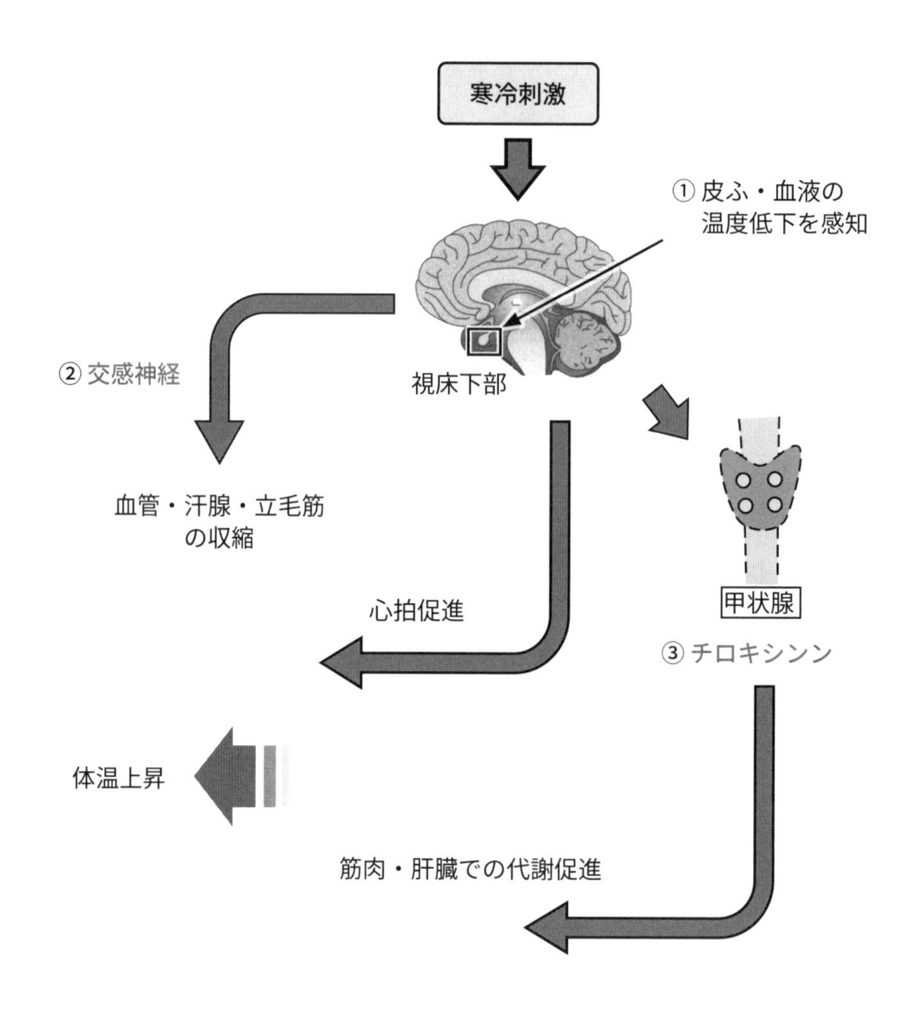

◉ ホルモンのまとめ

内分泌腺	ホルモン	はたらき
脳下垂体　前葉	放出ホルモン・成長ホルモン	各種ホルモンの分泌を促進
視床下部	バソプレシン	腎臓で水の再吸収を促進
甲状腺	チロキシン	代謝を上げる
副腎皮質	糖質コルチコイド	血糖濃度を上げる
副腎髄質	アドレナリン	血糖濃度を上げる
ランゲルハンス島A 細胞	グルカゴン	血糖濃度を上げる
ランゲルハンス島B 細胞	インスリン	血糖濃度を下げる

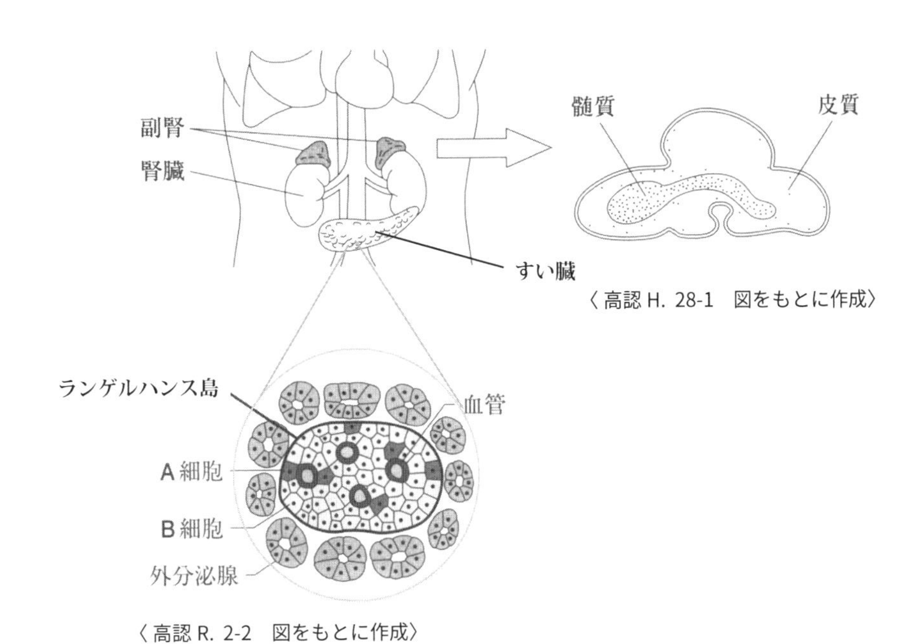

〈高認 H. 28-1　図をもとに作成〉

〈高認 R. 2-2　図をもとに作成〉

参 考　植物ホルモン

ホルモンは動物だけのものでなく、植物にも存在する。エチレンという植物ホルモンは、果物（バナナ・アボガドなど）を成熟させるはたらきがある。緑色の状態で輸入されたバナナを、日本でエチレンガスを浴びさせ追熟させる。放っておいても徐々に黄色くなるが、エチレンガスにより出荷のタイミングを調整することができる。

Step｜基礎問題

（　　）問中（　　）問正解

■ 各問の空欄に当てはまる語句をそれぞれ①～③のうちから一つずつ選びなさい。

問１　自律的に各器官のはたらきなどを調節している神経系は（　　　　）という。
　① 中枢神経系　② 体制神経系　③ 自律神経系

問２　体温・血糖値・塩類濃度・血圧などの変化を感知し調整しているのは（　　　　）。
　① 延髄　② 間脳の視床下部　③ 小脳

問３　交感神経は（　　　　）な方向にはたらく。
　① 活動的　② 休息的

問４　副交感神経は（　　　　）な方向はたらく。
　① 活動的　② 休息的

問５　交感神経と副交感神経が（　　　　）にはたらくことで、バランスよく調節され、体内環境が一定の状態に保たれる。
　① 拮抗的　② 互角的　③ 規律的

問６　交感神経はひとみに対して（　　　　）するようにはたらく。
　① 縮小　② 拡大

問７　交感神経は肝臓でグルコーゲンを（　　　　）するようにはたらく。
　① 合成　② 分解

問８　ホルモンは（　　　　）でつくられる調整物質である。
　① 外分泌腺　② 内分泌腺

問９　ホルモンは（　　　　）に放出されて全身に運ばれる。
　① リンパ液　② 組織液　③ 血液

解　答

問１：③　問２：②　問３：①　問４：②　問５：①　問６：②　問７：②　問８：②
問９：③

問 10　ホルモンが作用する特定の器官を（　　　　）器官という。

① 標的器官　② 目標器官　③ 標準器官

問 11　標的器官には、特定のホルモンが結合する（　　　　）がある。

① 神経　② 内分泌細胞　③ 受容体

問 12　最終的につくられたものが、はじめの段階にさかのぼって作用することを（　　　　）という。

① セントラルドグマ　② ホメオスタシス　③ フィードバック

問 13　何らかの障害により尿中にグルコースが排出される病気を（　　　　）という。

① 糖尿病　② 肝不全　③ 膀胱炎

問10：①　問11：③　問12：③　問13：①

（　）問中（　）問正解

■ 次の各問いを読み、問１～７に答えよ。

問1　下の表のア～キに当てはまるものを、①～⑦からえらびなさい。

内分泌腺	ホルモン	はたらき
脳下垂体　前葉	放出ホルモン・成長ホルモン	各種ホルモンの分泌を促進
視床下部	ア	腎臓で水の再吸収を促進
甲状腺	イ	代謝を上げる
副腎皮質	ウ	血糖量を増やす
副腎髄質	アドレナリン	血糖量を増やす
ランゲルハンス島A細胞	エ	カ
ランゲルハンス島B細胞	オ	キ

①　糖質コルチコイド　②　グルカゴン　③　チロキシン　④　インスリン
⑤　バソプレシン　⑥　血糖量濃度を上げる　⑦　血糖濃度を下げる

問2　下図は、食後の時間と血糖濃度のグラフである。糖尿病患者のグラフとして適切なものを、下の①～②のうちから一つ選べ。

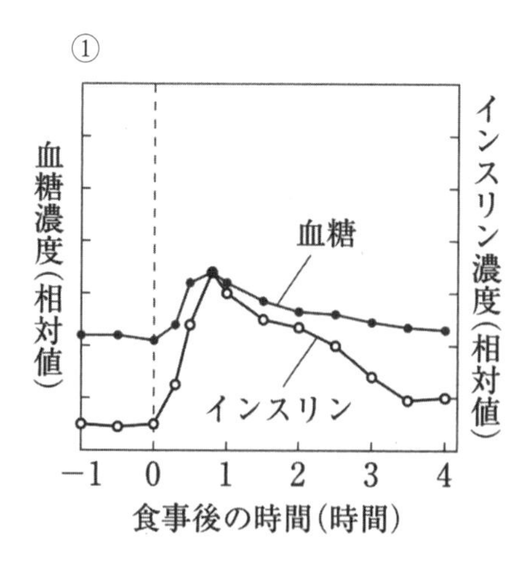

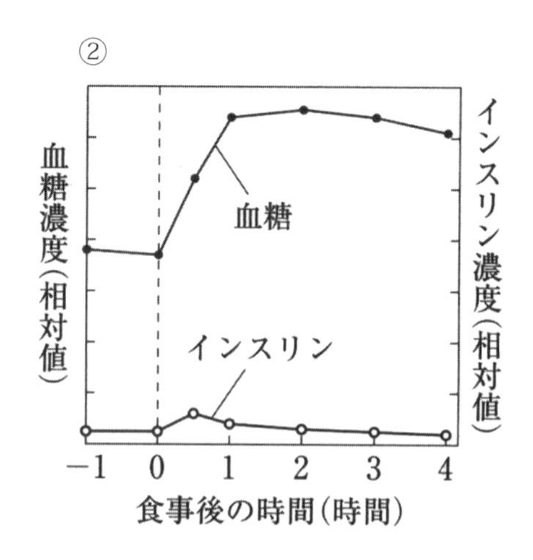

問3　次の①～④のうち、適切な説明をすべて選べ。

① 副交感神経は交感神経が分布しているすべての器官に分布している。

② インスリンは肝臓におけるグリコーゲンの分解を促進する。

③ バソプレシンは脳下垂体前葉から分泌される。

④ ホルモンの標的細胞には、特定のホルモンにだけ結合できる受容体がある。

問4　図中でアドレナリンを分泌する場所とチロキシンを分泌する場所として適切なものを、①～④のうちからそれぞれ一つずつ選べ。

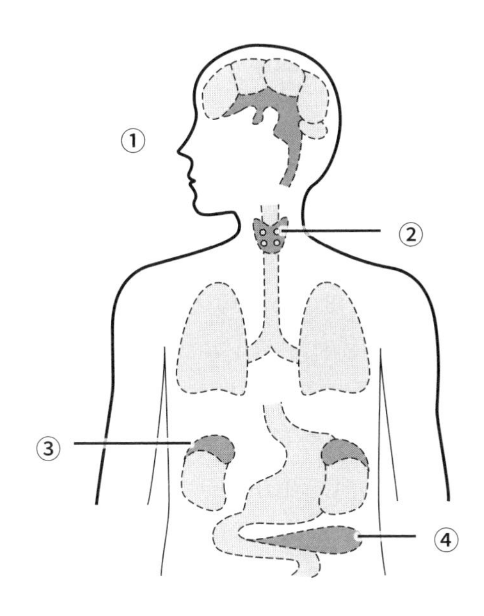

問5　次の文章を読み［ク］～［コ］に当てはまる選択肢として適切なものを、①～②からそれぞれ一つずつ選べ。〈高認 H. 30-1 改〉

> 体温は、血糖値と同じく［ク］が中枢として働き調節される。体温が低下すると［ク］が温度の変化を感知し、［ケ］神経に指令を出し、その働きにより心臓の拍動を促進して発熱量を増加させたり、体表面の毛細血管を［コ］させて血流量を減少させることで、放熱を抑制している。

（1）［ク］に入る語句

① 大脳　　② 間脳の視床下部　　③ 延髄

（2）［ケ］に入る語句

① 交感　　② 副交感

（3）［コ］に入る語句

① 拡張　　② 収縮

問６　次の文章を読み、［サ］～［セ］に当てはまる選択肢として適切なものを、①～②からそれぞれ一つずつ選べ。〈高認 H. 29-1 改〉

> 血糖濃度が低くなると間脳の視床下部の血糖調節中枢がこれを感知し［サ］神経に指令を出す。［サ］神経はすい臓のランゲルハンス島のＡ細胞を刺激し、［シ］の分泌を促す、［シ］は肝臓に働いてグリコーゲンからグルコースへの分解を促進するので、血糖濃度が上昇する。血糖濃度が高くなると、視床下部の血糖調整中枢がこれを感知し、［ス］神経に指令を出す。［ス］神経はすい臓のランゲルハンス島のＢ細胞を刺激し、［セ］の分泌をうながす。［セ］は肝臓や筋肉にはたらいてグリコーゲンの合成を促進するので、血糖濃度が低下する。

（１）［サ］、［ス］に当てはまる語句をそれぞれ選べ。

①　副交感神経　　②　交感神経

（２）［シ］、［セ］に当てはまる語句をそれぞれ選べ。

①　グルカゴン　　②　アドレナリン　　③　インスリン

問７　図は、脳の視床下部を拡大したものである。バソプレシンを分泌する細胞と、脳下垂体前葉を、図の①～④の中から一つずつ選べ。〈高認 R. 1-1 改〉

（1）バソプレシンを分泌する細胞はどれか。

（2）脳下垂体前葉はどれか。

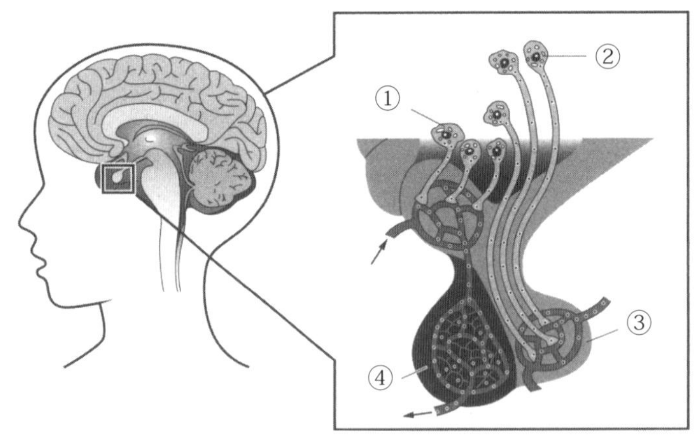

矢印は血液の流れを示す

解答・解説

問1：ア：⑤、イ：③、ウ：①、エ：②、オ：④、カ：⑥、キ：⑦

問2：②

糖尿病は、血糖値濃度を調節がうまくはたらかない疾患です。I型糖尿病は、食後にインスリンの濃度がほとんど上昇しません。そのため、血糖濃度がもとの値に戻らず上昇したままの状態になってしまいます。

問3：②、④

汗腺や立毛筋などは交感神経のみに分布しています。バソプレシンは脳下垂体後葉から分泌されます。

問4：アドレナリン：③、チロキシン：②

ア：副腎髄質より分泌します。アドレナリンは、心臓の拍動促進やグリコーゲンからグルコースへの分解の促進を行います。

イ：甲状腺より分泌します。全身の代謝促進を行います。

問5：（1）②　（2）①　（3）②

体温の低下を間脳の視床下部が認識すると、交感神経を介して皮ふの血管を収縮させます。

問6：（1）サ：②　ス：①、（2）シ：①　セ：③

（1）低血糖の時、交感神経を通してすい臓のランゲルハンス島のA細胞を刺激しグルカゴンが分泌されます。

高血糖の時、副交感神経を通してすい臓のランゲルハンス島のB細胞を刺激してインスリンが分泌されます。

問7：（1）②　（2）④

（1）バソプレシンは脳下垂体後葉から分泌されます。腎臓での再吸収を促進します。

3. 免疫

自然免疫・適応免疫の一連の流れをとらえて理解しましょう。免疫反応による疾患や抗原抗体反応の医療への応用例も大切です。

免疫

体内環境を維持し一定にすることは生命維持のため大切なことですが、安定した体内環境は体外から侵入してくる病原体にとっても快適な環境となってしまいます。有害な環境の変動や病原体から体を守るしくみを**生体防御**といいます。

生態防御機能のなかでも、病原体に対するものを**免疫**といいます。免疫は、**自然免疫**と**適応（獲得）免疫**の２つに分けられます。**自然免疫は、過去の感染の有無にかかわらず最初にはたらく免疫です。適応（獲得）免疫は、自然免疫で排除できないような強い病原体に対してはたらく免疫です。**適応免疫は、一度体に侵入した病原体を記憶できるので、２度目に病原体が体に侵入してきたときにすばやく働くことができます。

参考　適応免疫について

自然免疫はすべての動物に備わっているが、適応免疫は脊椎動物のみで発達した免疫である。脊椎動物とは、哺乳類・鳥類・両生類・魚類など多岐にわたる。

生体防御システム

体外から侵入してくる病原体（異物）を抗原（こうげん）といいます。生態防御システムは、図のように第一・第二・第三と３つに分けられます。

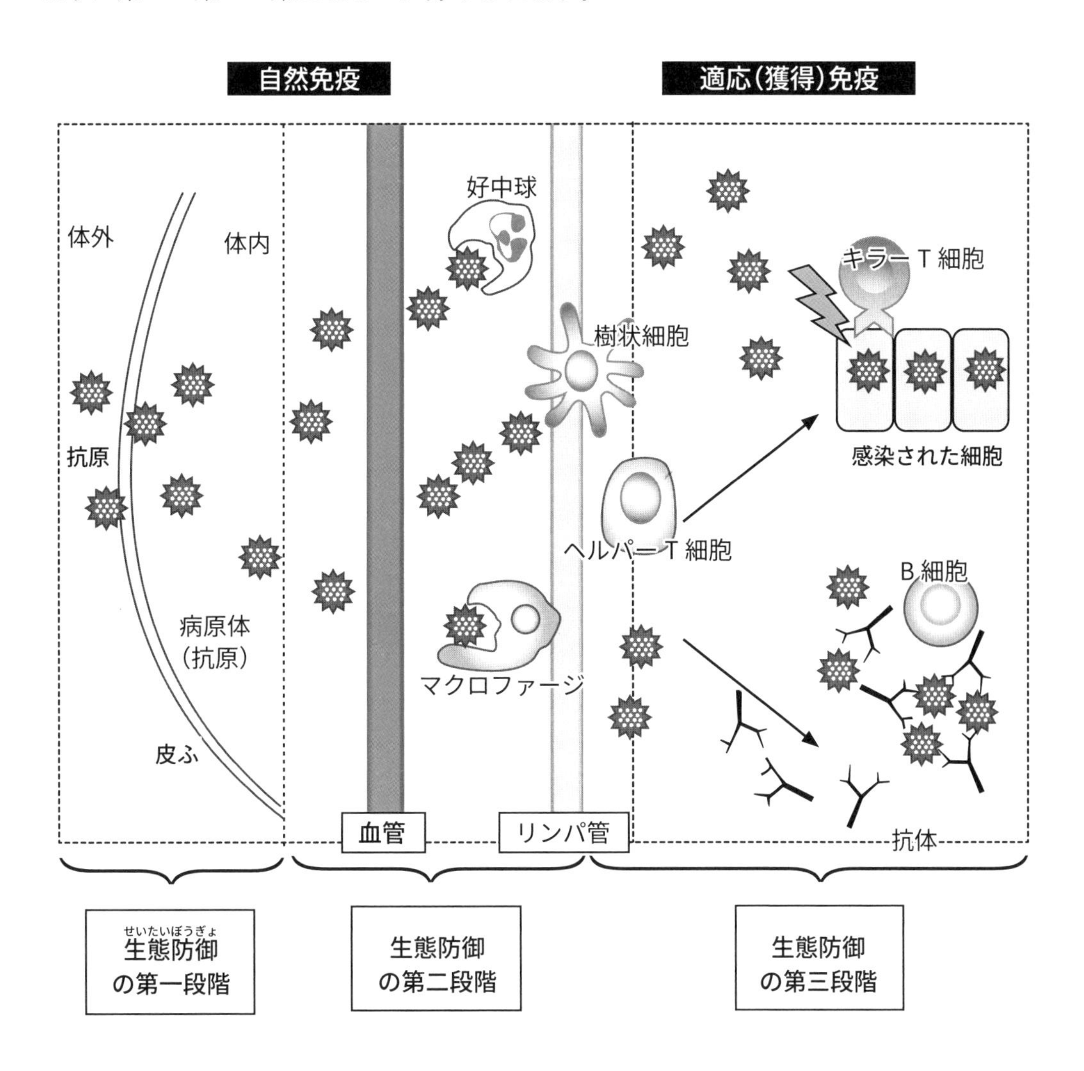

生体防御の対第一段階

生体防御の第一段階は、大きく２つに分けられます。

- ◉体は皮膚や角質で覆われていて、物理的に抗原の侵入を防いでいる。鼻や口などの呼吸器や胃などの消化器は、外部と接触しているため、粘液の分泌により抗原の侵入を防いでいる
- ◉体表面から分泌される唾液・胃液・汗などは、弱酸性～酸性である。この酸により細菌の増殖を防ぐ

生体防御の対第二段階

第一段階の生体防御を突破してしまった抗原に対し第二段階で**自然免疫**による生体防御がはたらきます。抗原（病原体）が体内に侵入すると、抗原は**マクロファージ**や**好中球**や**樹状細胞**などの免疫細胞に取り込まれて消化・分解されます。これを**食作用**といいます。食作用をもつ細胞を**食細胞**といいます。また、マクロファージは、抗原をみつけると近くの血管にはたらきかけ、血液中にいる白血球をマクロファージや好中球などの免疫細胞に分化（はたらきが決まっていない細胞を特定の形やはたらきにする）させて仲間を増やし抗原を食作用により**貧食**していきます。

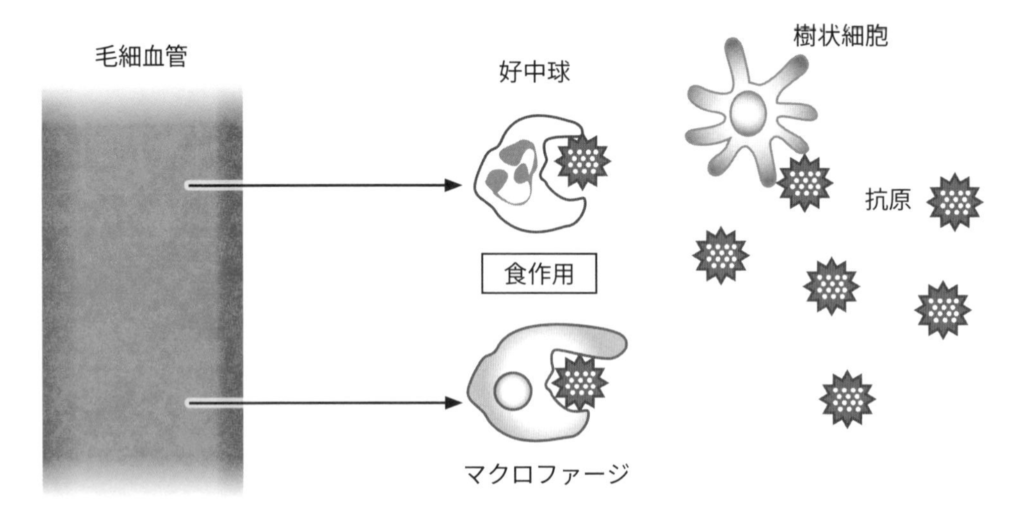

この時、血流が増えて毛細血管が広がる（炎症する）ことで、免疫細胞が毛細血管から組織液中に出やすくなります。炎症は痛みや腫れが出ますが食作用を促進し、組織を回復させます。また、脳の視床下部にはたらきかけ全身の体温を上げる（発熱）ことで、これら免疫細胞の働きを活発化させます。また、好中球は食作用で異物を取り込むと同時に自ら死滅して膿を形成（化膿）します。

白血球は、骨髄で作られる造血幹細胞が分化したものです。白血球は、好中球とマクロファージと樹状細胞、そしてＢ細胞とＴ細胞へ分化します。このうち、Ｂ細胞とＴ細胞をリンパ球といいます。

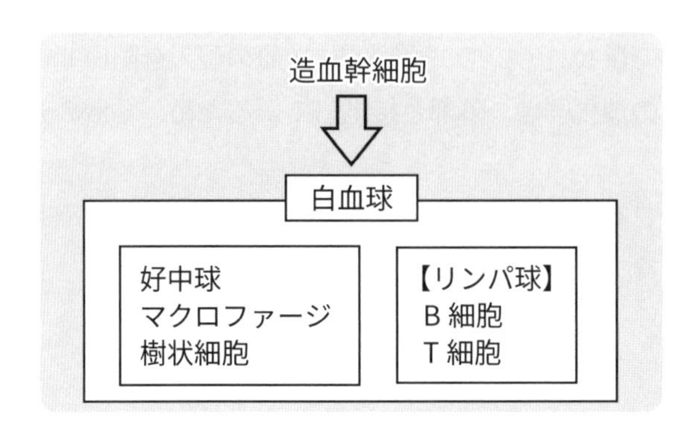

生体防御の対第三段階

樹状細胞は抗原を認識すると、抗原の情報を持って感染場所から**リンパ節**へと移動します。樹状細胞によって、リンパ節にいるT細胞に**抗原の情報**が提示（ていじ）されると、T細胞が活性化（かっせいか）して（目覚めて）自分のコピーを次々に作り、ヘルパーT細胞になります。

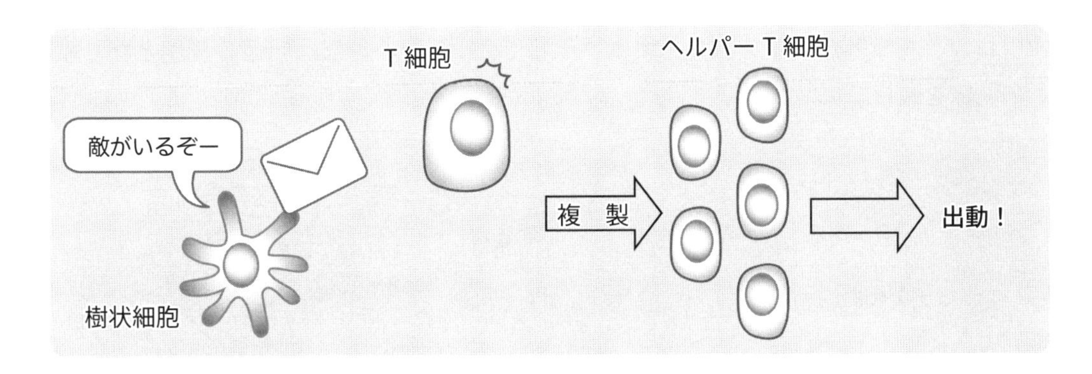

これが適応（獲得）免疫の始まりです。これにより、次の細胞性免疫・体液性免疫が発動されます。

細胞性免疫

ウイルスなどの抗原は、自己を増殖させるためにほかの生物の細胞内に自分自身のDNAやRNAを侵入させて、その生物の細胞内でエネルギー・タンパク質・核酸を合成します。**細胞内にウイルスや細菌が侵入してしまった際に発動されるのが細胞性免疫**です。細胞性免疫では、キラーT細胞が感染細胞を攻撃して殺します。キラーT細胞は、樹状細胞が提示していた抗原情報と同じ抗原情報を提示している感染細胞を見つけて攻撃します。そして、ヘルパーT細胞により活性化されたマクロファージが感染細胞の死骸を貪食します。このようにして、**細胞性免疫では感染された細胞と病原体を攻撃して排除します**。

戦いが終わると、**キラーT細胞の一部は記憶キラーT細胞となり戦いの記憶を残します**。細胞性免疫は、がん細胞や移植された組織などにもはたらきます。

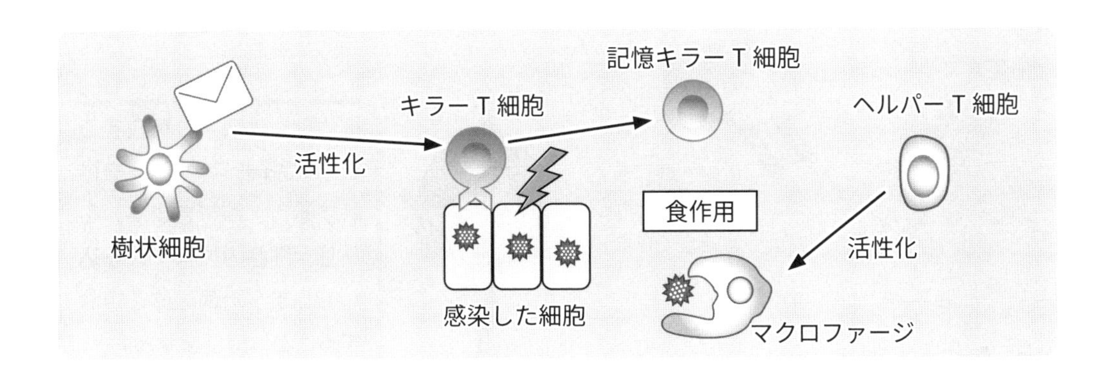

体液性免疫

病原体を認識したヘルパーＴ細胞がＢ細胞を活性化させます。Ｂ細胞は増殖し**抗体**を多数分泌する**形質細胞（抗体産生細胞）**に分化します。この形質細胞は、**抗体（免疫グロブリン）**をつくって体液中に分泌します。この抗体はタンパク質からできています。**そして抗体が抗原と結合します（抗原抗体反応）**。そして、この抗体が目印となり、マクロファージ等が抗原を貪食します。そして、Ｂ細胞の一部は**記憶Ｂ細胞**となり戦いの記憶を残します。

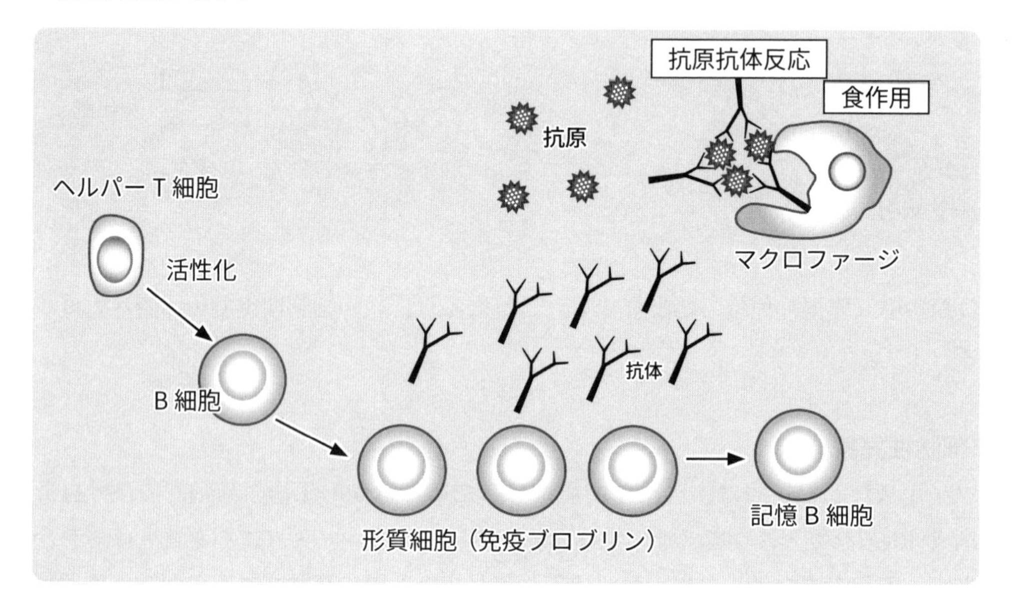

このようにして、**体液性免疫では、細胞外で抗体が抗原と結合して食作用により病原体を排除します。**

◉ 免疫グロブリン

抗体は免疫グロブリンというタンパク質から成ります。ある免疫グロブリンは、特定の抗原とだけしか結合することができない構造になっています。１つの形質細胞がつくる抗体（免疫ブロブリン）は１種類だけです。

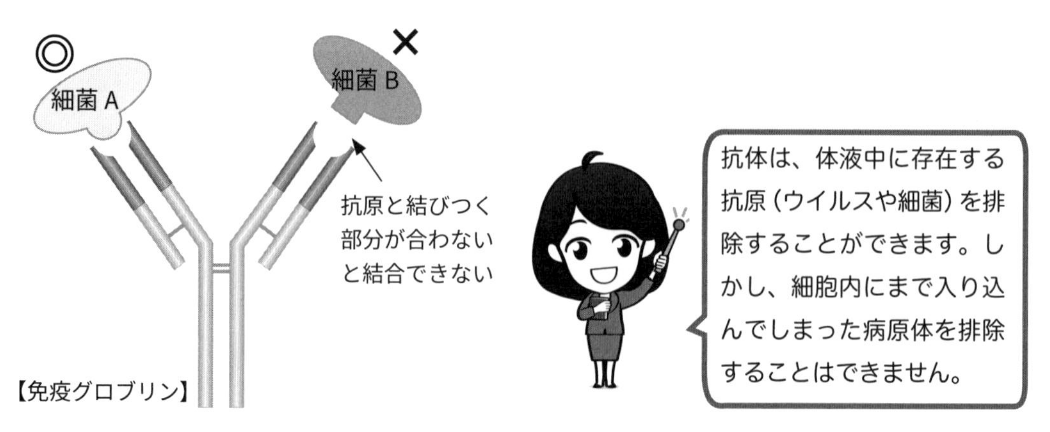

免疫記憶

体内に初めてその抗原が侵入し適応（獲得）免疫がはたらくことを**一次応答**といいます。一次応答では、免疫がはたらきだすまでに時間がかかります。体液性免疫・細胞性免疫どちらとも一時応答で記憶細胞を残します。これを**免疫記憶**といいます。

再び同じ抗原が体内に侵入した場合、記憶細胞が即座に活性化して、適応（獲得）免疫がすぐにはたらきだします。これを**二次応答**といいます。これにより、発症しないか症状が軽くすむことが多いです。

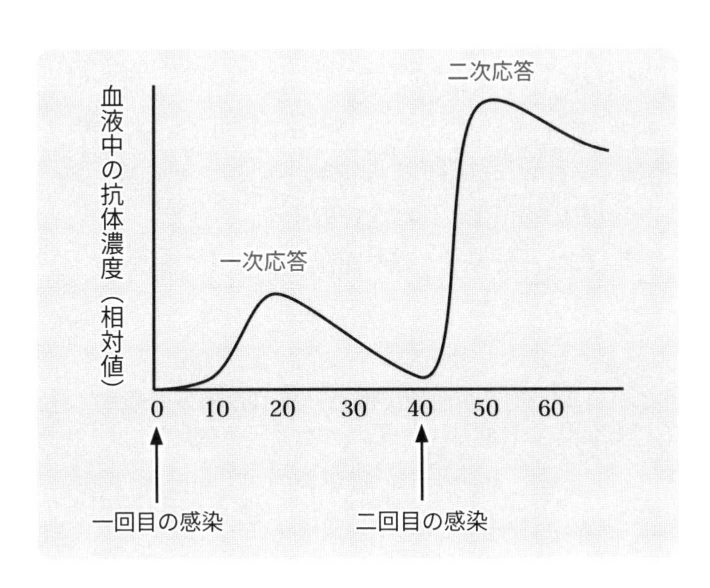

免疫寛容

体液の循環により体内を移動する白血球は、マクロファージ・好中球・樹状細胞・T細胞・B細胞に分化します。しかし、分化する過程で、自分自身の細胞を抗原として認識して攻撃してしまうB細胞やT細胞が生まれてしまいます。このような細胞は**免疫細胞の成熟過程で選別・排除され、自身の細胞を攻撃してしまう免疫反応がおこならいようにします**。これを**免疫寛容**（かんよう）といいます。免疫寛容がうまくいかないことで、さまざまな疾患がおこります。

参考　T細胞とB細胞の名前の由来

T細胞は胸の中央付近にある胸腺（Thymus）という部分で成熟する。胸腺の頭文字をとってT細胞と呼ばれている。また、B細胞は骨髄（Bone marrow）で成熟するためB細胞と呼ばれている。

食作用の観察

実験

白血球の食作用の観察。

目的

バッタの白血球の食作用を観察する。

方法

① バッタの腹部(ふくぶ)に墨汁(ぼくじゅう)を注射器で注入(ちゅうにゅう)し1日おく。
② 注射器で、バッタの腹部より体液を採取する。
③ スライドガラスに体液をのせ、光学顕微鏡(けんびきょう)で観察する。

結果

墨汁に含まれている黒い粒子が血球に取り込まれた様子を観察できた。

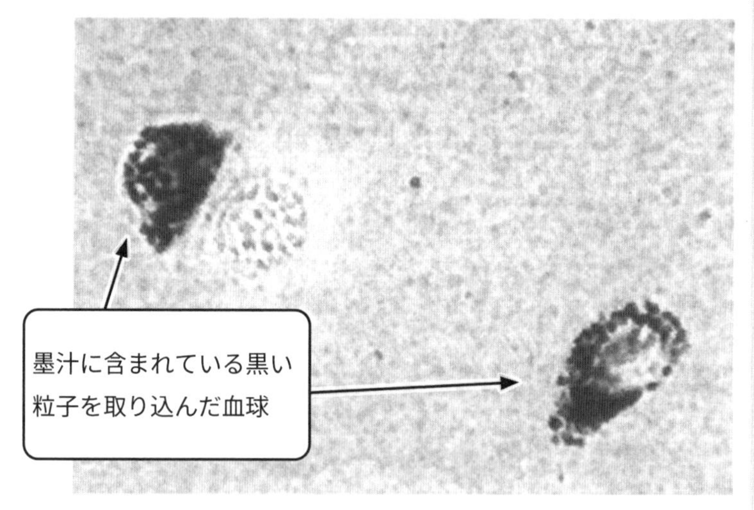

〈高認 R. 1-2　図をもとに作成〉

考察

異物を取り込んで分解する白血球の食作用を確認できた。

免疫応答による疾患

◉ アレルギー

外部からの無害な物質に対し、適応免疫が発動し免疫反応が生じてしまうことをいいます。花粉症・ぜんそく・じんましん・食物アレルギーなどがあります。アレルギーを起こす抗原をアレルゲンといいます。まれに呼吸困難・血圧低下など強い症状がでることがあり、これをアナフィラキシーショックといいます。

◉ 花粉症

空気中を浮遊するヒノキなどの花粉がアレルゲンとなります。花粉が鼻や気管支に入り触れると、炎症性の化学物質が放出されます。これにより、血流を増加させ白血球を引き寄せるので強い炎症を引き起こし、鼻水・くしゃみ・眼のかゆみなどの症状が出ます。

◉ 自己免疫疾患

免疫細胞の免疫寛容が完全でないために、自身の細胞・分泌物に対して免疫反応がひきおこされる疾患のことです。自分の関節や細胞を抗原として攻撃してしまう関節リウマチ、神経伝達物質を抗原として攻撃してしまう重症筋無力症など様々な疾患があります。

◉ 免疫不全

先天的に免疫がうまくはたらかずに、免疫にかかわる細胞の多くがなくなり、免疫が機能しなくなる疾患です。

◉ エイズ（AIDS）：後天性免疫不全症候群

ヒト免疫不全ウイルス（HIV）によって起こる感染症です。HIV は、体内でヘルパーT 細胞に感染し破壊していきます。感染後約 10 年は無症状ですが、この間に HIV は増えていき、ヘルパー T 細胞の数は徐々に減っていきます。ヘルパー T 細胞の数がある一定量を下回ると、ヘルパー T 細胞が仲立ちとしていた体液性免疫や細胞性免疫が機能しなくなり、病原体を除去できなくなってしまいます。その結果、健康な状態では感染しても排除できるような弱い細菌やウイルスを適応免疫で排除することができなくなり、さまざまな病気を発症してしまいます。このような状態を日和見感染といいます。HIV に感染して AIDS を発症すると、日和見感染を起こしやすくなります。近年では、HIV の増殖を抑える医薬品の開発が進み、発症を抑えることができるようになりました。

◉ 臓器移植による拒絶反応

他人の臓器を体内に移植することを臓器移植といいます。他人の臓器の細胞を抗原と認識すると、適応免疫が発動されてしまい、キラーＴ細胞により臓器移植された細胞が攻撃されます。これを拒絶反応といいます。

◉ がんと免疫細胞

健康な人でも、毎日がん細胞が生じています。ナチュラルキラー細胞（NK 細胞）が、このがん細胞を抗原と認識して排除しています。加齢・喫煙等によって NK 細胞のはたらきが弱まると、がん細胞が増殖しがんを発症します。

関連用語

◉ ナチュラルキラー細胞（NK 細胞）……　ヘルパーＴ細胞の抗原提示などなしに、単独で即座に感染細胞を直接攻撃することができる細胞

◉ がん細胞 ……　正常な細胞と異なり、細胞分裂の過程で変異がおこることで、体からの指令を無視して際限なく増殖する。がん細胞は、栄養を奪い取るなどして体を蝕んでいく。健常者であっても、１日に約 5000 個のがん細胞が生じている

参 考　血液型って？

ABO 血液型とは、赤血球表面にある抗原と血しょう中の抗体の組み合わせで４種類に分けられている。

	A 型	B 型	AB 型	O 型
抗原	A	B	A・B	なし
抗体	抗 B 抗体	抗 A 抗体	なし	抗 A、B 抗体

A型の血液をB型の人やO型の人に輸血すると抗A抗体が存在するため抗原抗体反応が生じる。一方、O 型はどの血液の人に輸血しても抗原抗体反応が生じない。そのため、緊急時、血液型が分からない場合には O 型を輸血する事もある

抗原抗体反応の応用

◉骨髄移植

血液細胞は骨髄中の造血幹細胞から分化したものです。分化の過程で異常な細胞が次々に生じてしまう疾患が**白血病**です。赤血球が減少し、貧血などの症状が現れます。骨髄移植とは、放射線で自己の造血幹細胞を死滅させ、他人の造血幹細胞を移植する治療を行います。この時、拒絶反応を防ぐために非自己と認識されにくい造血幹細胞を探して移植を行う必要があります。このような移植治療を**骨髄移植**といいます。

◉ワクチン

病原性を弱めたウイルスや細菌（ワクチン）を注射し、**一次応答**を人工的に引き起こすことを**予防接種**といいます。この後、本当の病原体に感染したとき短時間で二次応答が引き起こされるので感染症の予防ができます。

◉血清療法

破傷風や毒蛇の毒など強い毒素がつくられる感染症では、すぐに抗体をつくらなければ生命に関わってきます。このようなケースの治療法として、血清療法があります。まず、動物に抗原を注射し抗体をつくらせます。そして、その動物より採取した血液より、抗原に対する抗体を含む**血清**をとりだすことができます（第３章１参照）。この血清をヒトに注射することにより、抗原抗体反応で病原体を除去することができます。血清中の抗体は、ヒトにとっては異物なため、血清中の抗体に対する免疫反応が起き２回目以降は二次応答が起きてしまいます。そのため、同じ血清を２回以上接種することはできません。

Step｜基礎問題

（　）問中（　）問正解

■ 各問の空欄に当てはまる語句をそれぞれ①～③のうちから一つずつ選びなさい。

問１　第一の生体防御機構は（　　　　）である。
　① 体液性免疫　② 細胞性免疫　③ 皮膚・粘膜

問２　過去の感染の経験によらずに、すぐにさまざまな病原体に対して働く免疫は（　　　　）である。
　① 獲得免疫　② 自然免疫　③ 適応免疫

問３　自分自身の細胞や成分を抗原として認識してしまうＢ細胞やＴ細胞が、それらの成長過程で排除されることを（　　　　）という。
　① 免疫寛容　② アレルギー反応　③ 免疫抗体反応

問４　異常増殖をするガン細胞やウイルスが感染した細胞などを直接攻撃し排除しようとする免疫を（　　　　）という。
　① 体液性免疫　② 細胞性免疫　③ 自然免疫

問５　好中球、マクロファージが病原体を貪食して消化することを（　　　　）という。
　① 食中毒　② 拒絶反応　③ 食作用

問６　他の動物に病原体に対する抗体をつくらせて、その（　　　　）をヒトに利用する治療法を（　　　　）治療という。
　① 血液　② 血球　③ 血清

問７　アレルギーの原因となる抗原を（　　　　）という。
　① アナフィラキシーショック　② アレルゲン　③ アレルギー

解　答

問1：③　問2：②　問3：①　問4：②　問5：③　問6：③　問7：②

問８　関節リウマチのように、自己の臓器を攻撃してしまう疾患を（　　　　）という。
①　自己免疫疾患　　②　免疫不全　　③　後天性免疫不全症候群

問９　死滅・弱毒化したウイルスや細菌を注射して、免疫記憶を人工的に生じさせることで病気の発症をふせぐことを（　　　　）という。
①　骨髄移植　　②　血清療法　　③　予防接種

問 10　体液性免疫で起こる抗原と抗体の反応を（　　　　）という。
①　アレルギー反応　　②　拒絶反応　　③　抗原抗体反応

問 11　臓器移植等で移植臓器に対して起こる免疫反応を（　　　　）という。
①　自己免疫病　　②　後天性免疫不全症候群　　③　拒絶反応

問 12　ヒト免疫不全ウイルスは、（　　　　）を破壊するため日和見感染しやすくなる。
①　キラー T 細胞　　②　ヘルパー T 細胞　　③　B 細胞

問 13　抗体は、（　　　　）というタンパク質からなり、特定の抗原のみと結合する。
①　酵素　　②　免疫寛容　　③　免疫グロブリン

問 14　抗体を分泌する細胞を（　　　）という。
①　形質細胞　　②　標的細胞　　②　ヘルパー T 細胞

問 15　抗体により、病原体等の抗原を排除する仕組みを（　　　　）という。
①　体液性免疫　　②　細胞性免疫　　③　自然免疫

解　答

問８：①　問９：③　問10：③　問11：③　問12：②　問13：③　問14：①　問15：①

（　）問中（　）問正解

■ 次の各問いを読み、問１～ 10 に答えよ。

問１　自然免疫にかかわる白血球として**適切でないもの**を、下の①～③のうちから一つ選べ。

①　好中球　　②　マクロファージ　　③　T 細胞

問２　病原体を抗体によって除去する免疫として適切なものを、下の①～③のうちから一つ選べ。

①　自然免疫　　②　体液性免疫　　③　細胞性免疫

問３　次の記述のうち**適切でないもの**を、下の①～④のうちから一つ選べ。

①　強い酸性の胃液により、食物中から体内への病原体の侵入を防いでいる。
②　細胞内に感染した細菌などの抗原を B 細胞が貪食する。
③　B 細胞は、抗原抗体反応により体内への病原体の侵入を防いでいる。
④　樹状細胞が適応免疫を発動する。

問４　体液性免疫について**関係のないもの**はどれか。下の①～③のうちから一つ選べ。

①　B 細胞　　②　ヘルパー T 細胞　　③　血小板

問５　下図のように、２回目に抗原に感染したとき、抗体の分泌量が増える。このようなしくみとして適切なものを、下の①～③のうちから一つ選べ。。

①　免疫寛容　　②　自然免疫　　③　免疫記憶

問６　右図のような反応が生じない免疫として適切なものを、下の①～③のうちから一つ選べ。

①　自然免疫　　②　細胞性免疫
③　体液性免疫

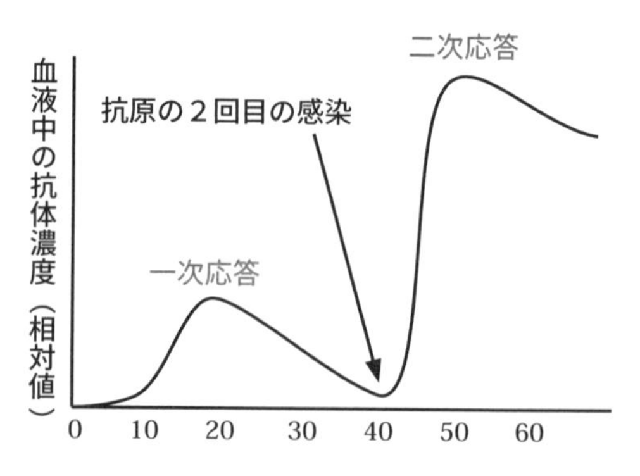

問7　あるウイルスの感染によりT細胞が破壊されると、免疫系が正常にはたらかなくなる。このウイルスが引き起こす病気の名前と症状を、以下の①～③からそれぞれ一つずつ選べ。〈高認 H. 28-1・改〉

【病名】① アレルギー　② エイズ（AIDS）　③ 白血病

【症状】① いろいろな感染症にかかりやすくなる。
　　　② 炎症など過敏な免疫反応が起こる。
　　　③ 貧血がおこる。

問8　図は、免疫の過程をまとめたものであり、T細胞Ⅰ・Ⅱは別の種類のT細胞を示している。以下の図［ア］、［イ］に入る語句として適切なものを、以下の①～③からそれぞれ一つずつ選べ。〈高認 H. 28-1・改〉

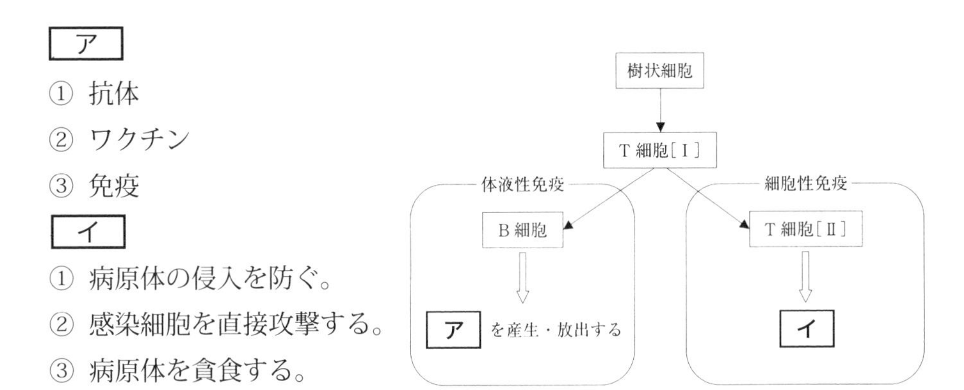

［ア］
① 抗体
② ワクチン
③ 免疫

［イ］
① 病原体の侵入を防ぐ。
② 感染細胞を直接攻撃する。
③ 病原体を貪食する。

問9　免疫に関する説明として適切なものを、以下の①～④のうちから一つ選べ。

① 毒ヘビにかまれた時には、ワクチンの注射によりヘビ毒に対する治療が行われる。
② 臓器移植による拒絶反応には、体液性免疫が関与している。
③ エイズを引き起こすHIVウイルスは、キラーT細胞を攻撃して破壊する。
④ スギ花粉症はアレルギーの一種である。

問 10　次の文章を読み、［ウ］～［オ］に当てはまる選択肢として適切なものを、①～②からそれぞれ一つずつ選べ。〈高認 H. 28-2 改〉

> 皮膚移植をしたとき、移植された組織が［ウ］と認識され、［エ］細胞が移植された組織を直接攻撃する。攻撃された組織は定着できなくなる。これを拒絶反応といいます。拒絶反応は［オ］免疫が大きくかかわっています。

［ウ］：① 自己　② 非自己

［エ］：① B　② T

［オ］：① 体液性　② 細胞性　③ 自然

解答・解説

問1：③

抗原が体内に入ると自然免疫がはたらきます。自然免疫では、好中球、マクロファージ、樹状細胞が食作用により抗原を処理します。この後、獲得免疫がはたらきだし細胞性免疫であるＴ細胞や体液性免疫であるＢ細胞がはたらきだします。

問2：②

ウイルスなどは、細胞の中に侵入し感染します。そのため、マクロファージや好中球が抗原を貪食することができません。この時、体液性免疫がはたらきます。これに対し、細胞の中にいる抗原を抗体により除去するのは細胞性免疫です。自然免疫は、マクロファージや好中球の食作用により抗原を除去します。

問3：②

細胞に感染した抗原をＢ細胞が貪食することはできません。

問4：③

血小板は血液凝固に関わるもので、体液性免疫とは関係ありません。

問5：③

一次応答で増加したＢ細胞・Ｔ細胞の一部が記憶細胞として体内に残り、２回目以降同じ抗原が侵入したとき、即座に反応することができます。

問6：①

自然免疫に免疫記憶は存在しません。

問7：病名：②　症状：①

ヒト免疫不全ウイルス（HIV）は、樹状細胞やマクロファージ、そしてヘルパーＴ細胞に感染し破壊します。細胞性免疫と体液性免疫のはたらきが機能しなくなり、後天性免疫不全症候群（AIDS）を引き起こします。獲得免疫が機能しなくなるので、さまざまな感染症に感染します（日和見感染）。

問8：ア：①　イ：②

体液性免疫では、Ｂ細胞により抗体が生産されます。細胞性免疫では、Ｔ細胞が感染細胞を直接攻撃します。

解答・解説

問 9：④

毒ヘビの毒に対しては血清を用いて治療します。臓器移植による拒絶反応は、キラーT 細胞が関与しています。

問 10：ウ：②　エ：②　オ：②

移植された組織を非自己つまり抗原とみなしてしまいます。そのため、T 細胞が移植組織を直接攻撃し、拒絶反応を起こしてしまいます。

第4章
生物の多様性と分布

1. 植生と遷移

植生の変化の様子・遷移の流れをおさえましょう。陽生植物・陰生植物の特性を確認し、代表的な植物の名前も覚えていきましょう。

植生

ある場所に生育する植物の集まりを**植生**といいます。植生が変わると、その場所に生息する動物にも変化をもたらします。つまり、植生の**多様性**は動物の多様性にも大きな影響を与えます。植生の中で、その場所で最も量が多く、広く地表を覆っている量的な割合が高い植種を**優占種**といいます。

森林や草原のように、植生を外側から見た様子を**相観**といいます。同じような環境下では相観も似てきます。植生は、相観によって**森林**・**草原**・**荒野**に分けられます。

《植生の種類》

- ◉ 森林 …… 樹木を中心とする植生。年降水量が豊富で、年平均気温が－５℃以上の地域にみられる
- ◉ 草原 …… イネのなかまを中心とした植生。年降水量が少なく、乾燥した地域にみられる
- ◉ 荒野 …… 厳しい乾燥と低温に適応できる植物がまばらに生える植生。年間水量がとても少なく、または、年平均気温が－５℃以下の地域にみられる

森林植生

森林は、高木層・亜高木層・低木層・草本層・地表層に分けられます。これを森林の階層構造といいます。さらに、高木層の上部を林冠、地表層部分を林床といいます。地表層にはコケ植物がみられます。複雑な階層構造（高木層・亜高木層・低木層・草本層をもつ森林）は、自然林であることが多いことに対して、木材生産のために人の手でつくられた人工林は、単純な階層の森林になる傾向があります。森林内の光環境は、下層ほど暗くなります。下の図からもわかるように、光は高木層を通ると約 10%程になり、亜高木層を通り抜けると数%にまで低下します。発達した森林では、林床の日陰の程度が強くなるので、弱い光でも生育できる植物しか育つことができません。

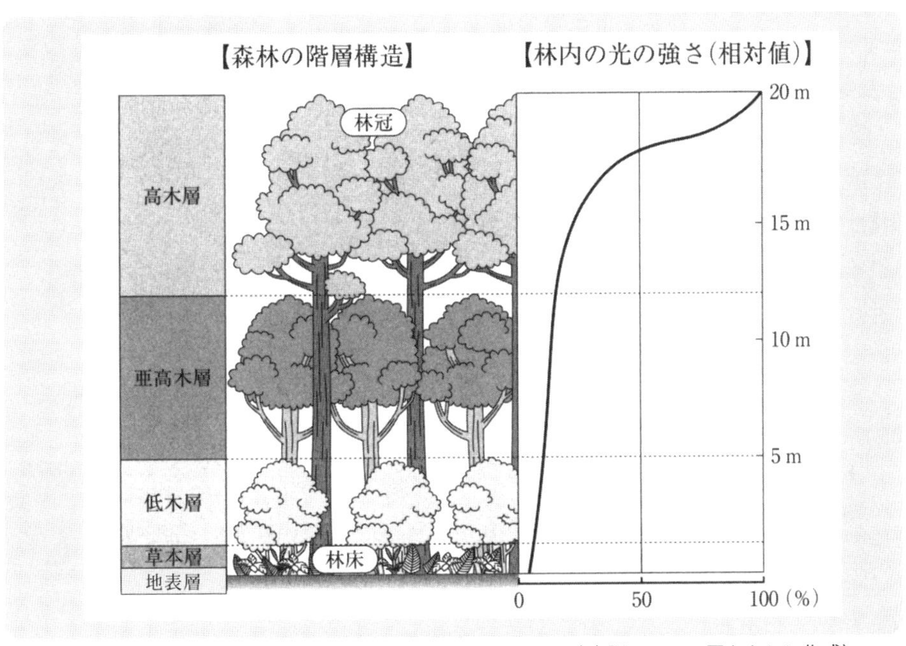

〈高認 R. 1-2　図をもとに作成〉

光環境は季節によっても変わります。高木層が落葉樹林の場合、冬は葉を落とすため夏に比べて明るくなります。

生物学では、草のことを草本、木のことを木本と呼びます

【森林に差し込む光】

土壌

土壌は、植物が生きていく上で重要なものです。よく発達した森林の土壌は図のように、構成成分の違いにより層を形成しています。

① 落葉・落枝の層

生物の遺体も見られる。土壌の一番上の層

② 腐葉土層

生物の遺体や落葉・落枝がミミズなどの土壌生物やキノコなどの菌類や細菌類によって分解されてできた有機物（腐植質）の層

腐葉土層の下には、細かい砂や石と腐植質が混じり合った粒状の構造がみられる。この部分は隙間が多く、通気性がよく保水力があるため、植物の根が発達している

③ 風化した岩石の層

④ 母岩の層

母岩とは土壌のもととなるもので、風化前の岩石のこと。

風化することで、岩➡砂へと粒が小さくなる

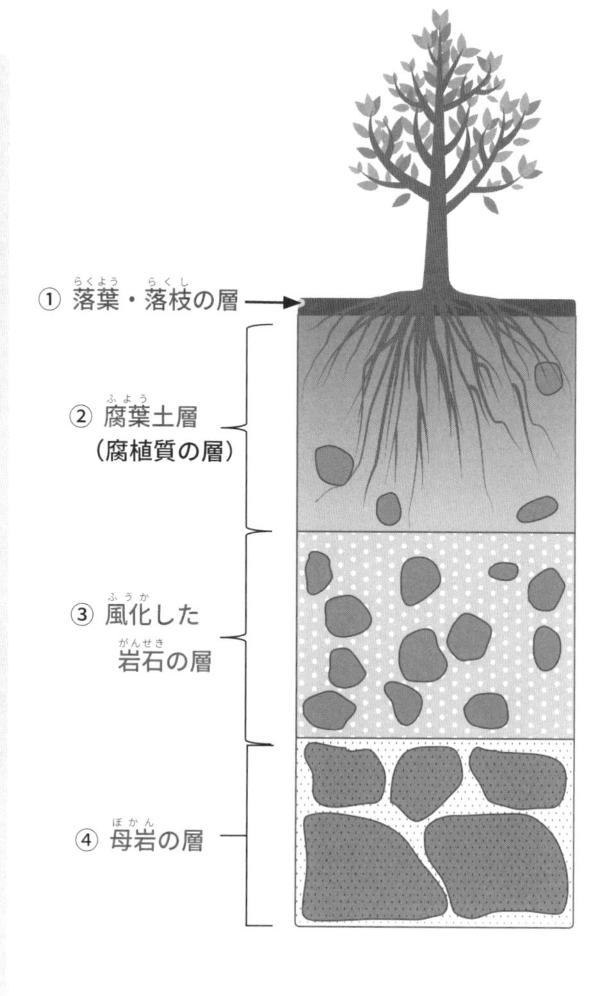

森林では、①と②の層が厚くなりますが、草原では、落葉・落枝が少ないため①と②の層は薄くなります。また、寒冷や亜寒冷の森林では①と②の層が厚く、熱帯の森林では薄い傾向にあります。これは微生物によって有機物から無機物へ分解される速度が熱帯地域の方が速いためです。

一次遷移・二次遷移

遷移とは、ある場所の植生が時間とともに変化していく様子のことをいいます。遷移は、一次遷移と二次遷移に分けられます。

一次遷移は、土壌が形成されていない状態から遷移が始まります。つまり、生物が全く存在しない**裸地**から始まる遷移となります。たとえば火山によりはじまる遷移などがあります。溶岩で覆われた土地は有機物が含まれていません。**二次遷移**は、既に土壌が形成された場所が山火事や森林伐採などにより地表の部分のみ失われた状態から始まります。植物の生長に必要な土壌があり、さらに種子や地下茎が残っている状態から始まりますので、二次遷移は一次遷移に比べて速く進行します。

遷移の過程（乾生遷移）

① **裸地・荒原**

遷移の最初の段階で、火山の噴火により溶岩が流出した土地です。この時の土壌は、養分が少なく保水力が弱い状態です。このような**遷移の初期に生育する植物**を**先駆種**といいます。先駆種には、乾燥に強く栄養分が少ない環境でも生育できる**地衣類**や**コケ植物**がよくみられます。土地により先駆種となる植物は異なります。そして、それらの枯死体と砂で薄い土壌がより形成されていきます。

② **草原**

土壌が形成されてくると、**ススキ・イタドリ**などの**草本植物**が生育します。植物が増えることで枯葉が積もり、養分や保水力が増した土壌が形成されていきます。

③ **低木林**

鳥や風によって種子が運ばれ、草原の中に**ヤシャブシ**など背が低い樹木が目立つようになり、**低木林**が形成されます。落葉・落枝により土壌の肥よく化がよりすすみます。

④ **陽樹林**

生育に日当たりが必要な**クロマツ・アカマツ**などの陽樹(ようじゅ)が成長します。林が発達すると、地表には光が届きにくくなるため、低木林のときに比べて林床に届く光は暗くなります。

⑤ **陽樹・陰樹の混交林**

タブノキやスダジイなど、成長が遅く光量が弱くても生育できる陰樹(いんじゅ)が育ち始めます。この段階では、陽樹と陰樹が混合した森林が形成されます。木本が多くなっていくことで、林床に届く日光がより少なくなり、陽樹の幼木は育たなくなっていきます。

⑥ **陰樹林【極相(きょくそう)：クライマックス】**

地表に光が届かなくなることで、陽樹の幼木は枯死し、陰樹の幼木だけが成長することができ、陰樹だけの森林が形成されます。このように、安定した植生が維持される状態を極相（クライマックス）といいます。極相で多くみられる種を極相樹種といいます。極相樹種は、弱い光のもとでも成長できる陰樹であることが多いです。

１次遷移から極相に至るまで千年以上かかるといわれています。私たちの身の回りにある森林は、長い年月をかけて形成されていったのですね。

参考 ヤシャブシ

陽樹生植物。根に共生する根粒菌によって養分を得ることができるため、貧弱な土地でもよく育つ

参考　地衣類って？

菌類と光合成をおこなう藻類やシアノバクテリアが共生したもの。地衣類は光があたり乾燥しにくい場所に発生しやすい。根を張らず生息できるため、樹木の幹やコンクリート壁などでもみられる。

【木の幹に生息する地衣類】

遷移の種類（湿性遷移）

陸地から始まる遷移を乾性遷移（乾生遷移）、湖や沼から始まる遷移を湿性遷移（湿生遷移）といいます。

湿性遷移

①
湿性遷移では、湖沼に土砂や生物の遺体が堆積することにより、湖沼の底に植物が生育できるようになります。

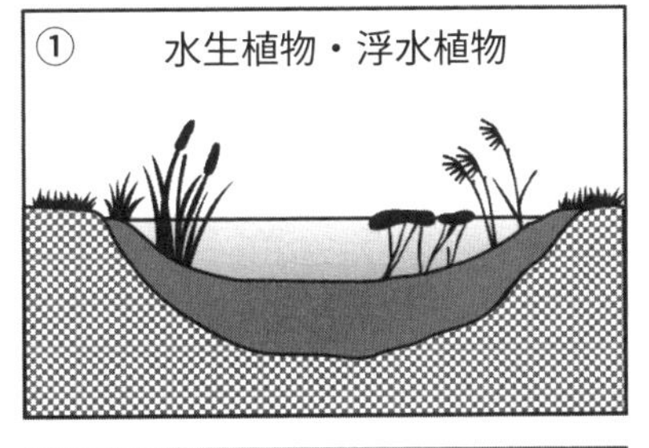

②
葉が水面に浮かんでいるスイレンなどが育ち、その後茎の一部が水上にでているヨシ（アシ）などが育ち始めます。それらの枯死により堆積が進みます。

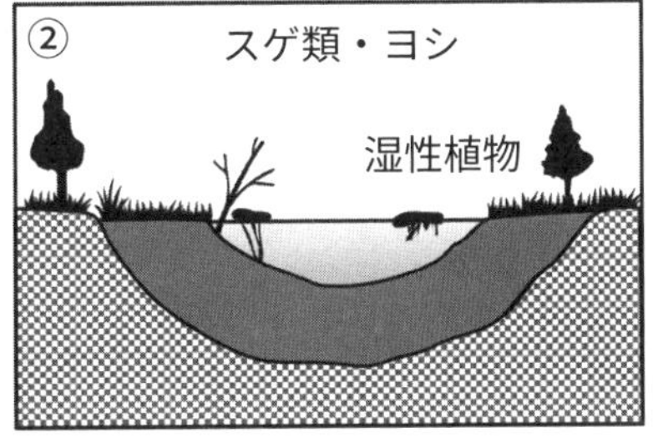

③
水面から地面が現れると草原となり、乾性遷移と同じような過程を経て極相に至ります。

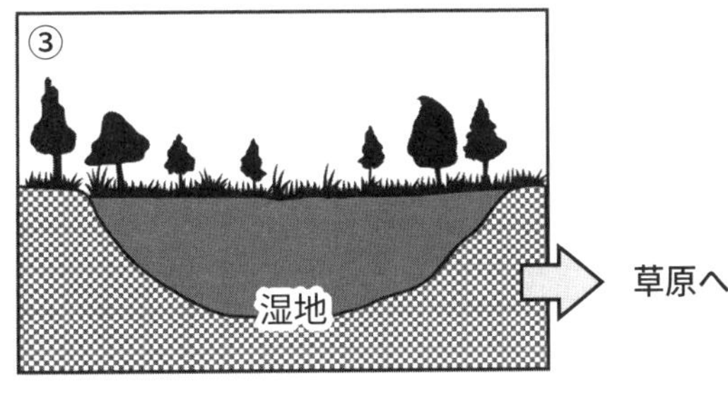

陽樹と陰樹

陽生植物

日当たりのよい環境でよく生育する植物を**陽生植物**（ようせい）といいます。陽生植物の樹木を**陽樹**といいます。日がよく当たると速く成長します。しかし、日が当たらないと光合成が十分に行えず、生育が難しいです。そのため、生い茂った森林では陽樹の幼木は枯死してしまいます。

代表的な陽樹：ヤシャブシ・クロマツ・アカマツ

陰生植物

日陰の環境でも、生育する植物を**陰生植物**（いんせい）といいます。陰生植物の樹木を**陰樹**といいます。成長スピードはゆるやかです。ほとんど光の届かない森林の林床でも光合成を行い生育することができます。

代表的な陰樹：タブノキ・カシ・スダジイ

光合成曲線

植物が成長するために、光の強さは重要な環境要因です。図１は、光の強さと二酸化炭素の吸収・排出速度を表しています。植物も動物と同じように呼吸をし、二酸化炭素を排出します（植物の**呼吸速度は、光の強さに関わらず一定**です）。つまり、昼は光合成により二酸化炭素を吸収もしますが、光がない夜間は、呼吸のみを行い二酸化炭素を排出しているため、二酸化炭素吸収速度は０より低いマイナスとなります。

二酸化炭素吸収速度が０の点は、二酸化炭素の吸収量と排出量が同量です。つまり、**光合成により吸収している二酸化炭素の量と、呼吸により排出している二酸化炭素の量が等しい状態**です。この状態を**光補償点**といいます。

二酸化炭素の吸収速度が０以上では、**二酸化炭素の吸収量が放出量よりも多くなって**います。光がある強さまで到達すると、光を強くしても光合成速度が変化しなくなります。この時の光の強さを**光飽和点**といいます。見かけの光合成速度と呼吸速度を合わせて**光合成速度**といいます。

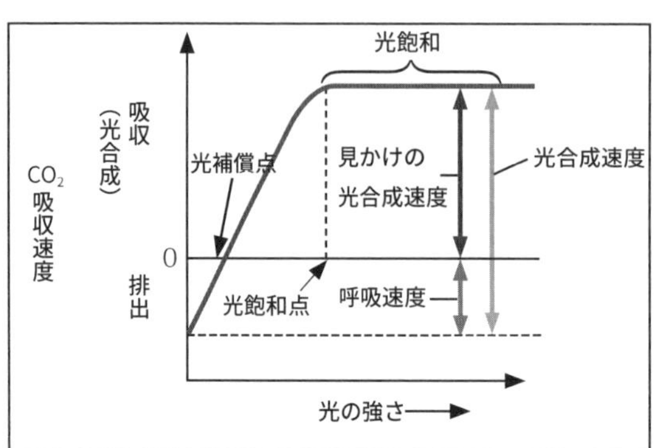

【図１】

図２は、陽生植物と陰生植物の光合成速度を示しています。陰生植物は弱い光でも光合成ができます。陽生植物は光が強くなるほど陰生植物よりも光合成の量が増えている事がわかります。しかし、弱い光のもとでは光合成ができないため、二酸化炭素を放出しています。

植物は、光合成により有機物を生産して、呼吸などの生命活動に利用しています。そのため、**光合成速度よりも呼吸速度**のほうが大きい状態が続くと、**有機物を生産することができず生存することができなくなります**。

図をみると、**陰生植物は弱い光でも光合成をすることができます**。つまり、林内のような弱い光の環境では、光補償点が低い陰生植物のほうが生育に適している事が分かります。

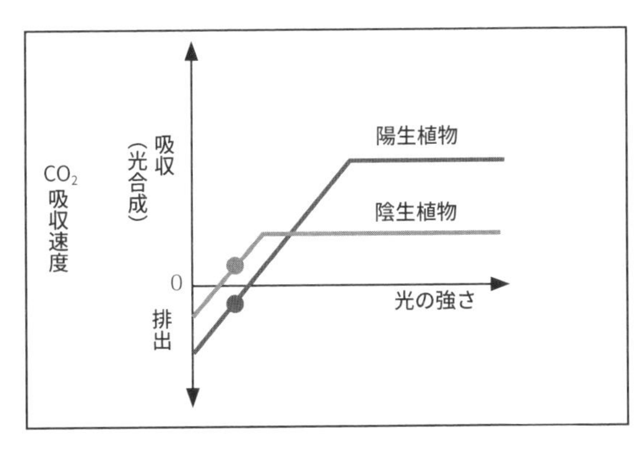

【図２】

ギャップ

台風で樹木が倒れたり、山火事などで焼失したりすると、森林が部分的に破壊されます。その結果、森林内に光が差し込むようになります。このようにして形成された明るい空き地をギャップといいます。

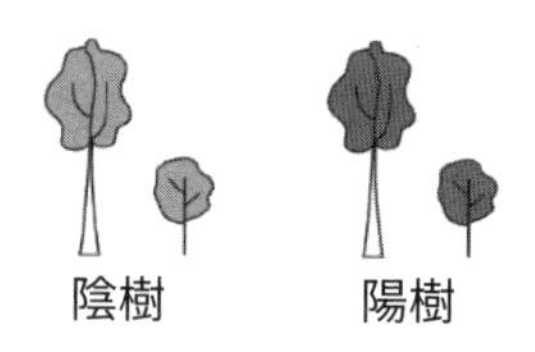

ギャップには次の２通りのケースが考えられます。

【小さなギャップ】

① 樹木が寿命で倒れるなどの原因でギャップができます。ギャップにより林床に光が届き、はじめは陽樹・陰樹の幼木がともに成長します。

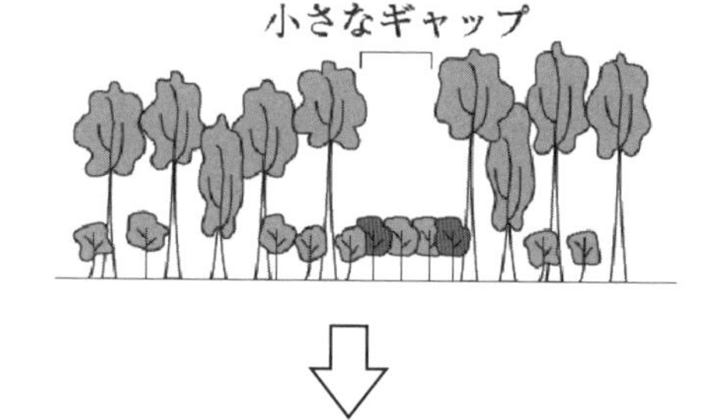

② ギャップが小さいと、まわりの樹木にはばまれて林床に届く光量が少なくなり、陽樹の幼木は枯れて、陰樹の幼木だけが生育します。

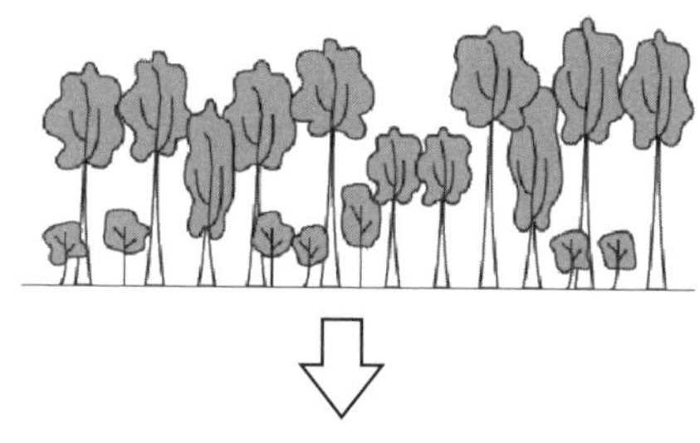

③ 陰樹が生育し、陰樹林になります。

【大きなギャップ】

① 台風や山火事で樹木がたくさん倒れると、大きなギャップができます。すると、はじめは陰樹・陽樹の幼木がともに成長します。

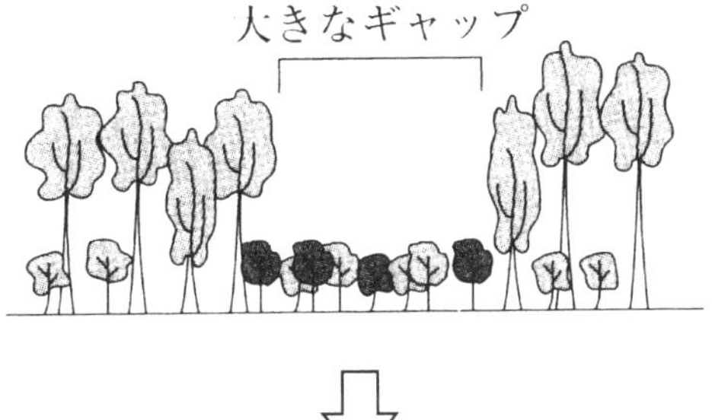

② 大きなギャップでは光が広い範囲で林床まで届くので陽樹が生育します。ギャップは、陽樹と陰樹の幼木の混合林となります。

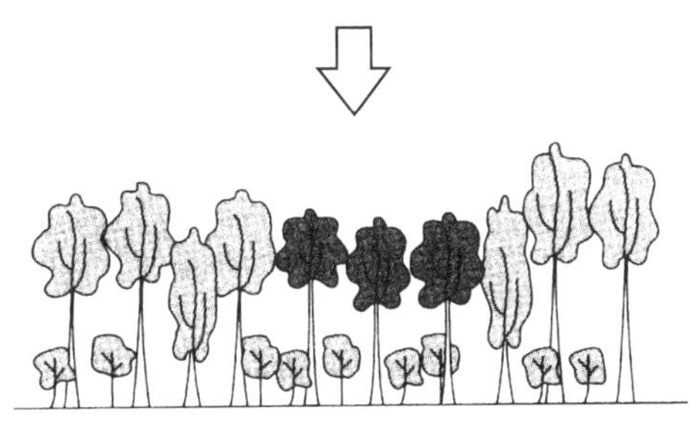

〈高認 H. 29-1　図をもとに作成〉

極相林には、さまざまな大きさのギャップが存在しています。そのため、極相林は、陰樹のみで構成されているのではなく、陽樹と陰樹が混ざったモザイク状となっています。これにより、極相林の樹種は多様となります。ギャップができることは、極相林の多様性を高めるためにとても重要なことです。

【森林】

Step｜基礎問題

（　）問中（　）問正解

■各問の空欄に当てはまる語句をそれぞれ①～③のうちから一つずつ選びなさい。

問１　日当たりの良いところで生育する植物を（　　　　）という。
① 陽生植物　② 陰生植物　③ 先駆種

問２　弱い光しか届かない環境でも生育することができる植物を（　　　　）という。
① 陽生植物　② 陰生植物　③ 先駆種

問３　ある地域に生育する植物全体のまとまりを（　　　　）という。
① 森林　② 植生　③ 遷移

問４　植生のなかで個体数が多く占有面積が最も大きい植物を（　　　　）という。
① 優占種　② 先駆種　③ 極相種

問５　森林や草原など外から見てわかる植生のようすを（　　　　）という。
① 極相　② 遷移　③ 相観

問６　一般に相観は（　　　　）によりきまる。
① 優占種　② 先駆種　③ 極相種

問７　森林は、高木層・亜高木層・低木層・草本層・地表層と分類することができる。この区分けを（　　　　）という。
① 層状構造　② 階層構造　③ 段階構造

問８　長い年月の間に少しずつ起こる一定方向への植生の変化を（　　　　）という。
① 極相　② 相観　③ 遷移

問９　これ以上、全体として大きな変化をしない状態を（　　　　）いう。
① 極相　② 相観　③ 遷移

解　答

問１：①　問２：②　問３：②　問４：①　問５：③　問６：①　問７：②　問８：③
問９：①

問 10　同じ光の強さの下では、（　　　　）の方が光合成速度が速くなる。

① 陽生植物　② 陰生植物

問 11　火山活動や地殻変動により植物が生育しておらず土壌もまだ形成されていない場所を（　　　　）という。

① 裸地・荒原　② ギャップ　③ 草原

問 12　もともとあった森林が破壊された跡地から始まる植生の変化を（　　　　）という。

① 一次遷移　② 二次遷移　③ 湿性遷移

問 13　極相林で台風や枯死などにより高木が倒れてできた林内に光が差し込む空間のことを（　　　　）という。

① 裸地　② ギャップ　③ 荒野

問 14　（　　　　）では、降水量が豊富で気温も高いため、地球上で最も多くの種が存在する。

① ツンドラ　② 熱帯多雨林　③ サバンナ

問 15　（　　　　）では降水量が限られ生物の生育に必要な水を得ることが困難であるため、種多様性は低くなる。

① ツンドラ　② 熱帯多雨林　③ サバンナ

問10：①　問11：①　問12：②　問13：②　問14：②　問15：①

（　）問中（　）問正解

■ 次の各問いを読み、問１～５に答えよ。

問１　よく発達した森林では下図のような植生の高さによる階層構造がみられる。F層～H層の光の強さの関係として適切なものを、下の①～⑤のうちから一つ選べ。〈高認 H. 28-1 改〉

① H層＞G層＞F層
② G層＞F層＞H層
③ F層＞G層＞H層
④ G層＞H層＞F層
⑤ F層＞H層＞G層

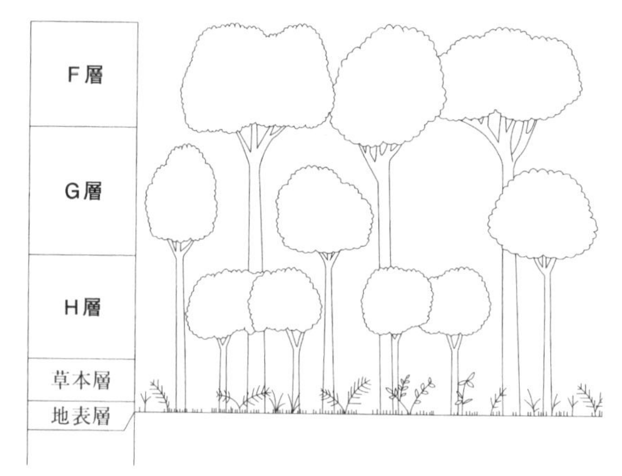

問２　裸地から始まる一次遷移に比べて、二次遷移のほうが速く進行する。その理由として適切なものを、下の①～④のうちから一つ選べ。

① 土壌は形成されているが、種子などが残っていないから。
② 土壌は形成されており、種子などが残っているから。
③ 土壌が形成されておらず、種子なども残っていないから。
④ 土壌は形成されていないが、種子などが残っているから。

問３　右図は森林の土壌を表している。腐植層は、有機物の分解速度が遅い寒帯や亜寒帯の森林ではどうなるか、下の①と②のうちから一つ選べ。〈高認 H. 28-2 改〉

① 厚くなる　　② 薄くなる

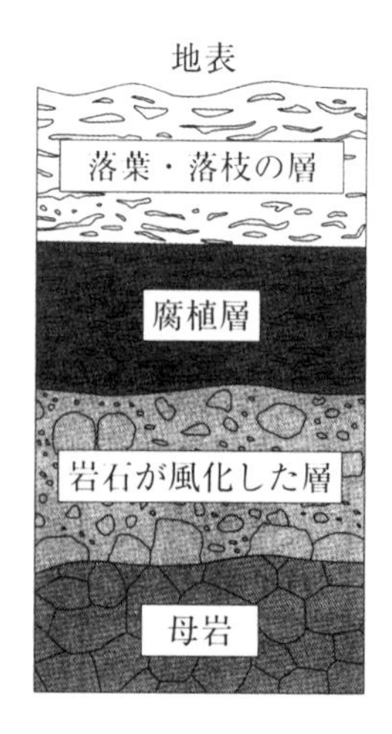

問4　次のア～ウの説明に合致する遷移を、下の①～④のうちからそれぞれ一つずつ選びなさい。

ア：山火事の跡地のように、すでに土壌が形成されている場所から始まる遷移。
イ：火山の溶岩からできた土壌が形成されていない場所から始まる遷移。
ウ：沼や池に土砂が流入して始まる遷移。
① 湿性遷移　② ギャップ　③ 一次遷移　④ 二次遷移

問5　植物の根は、風化した細かい岩石と腐植物質がまとまった粒状の構造でよく成長する。その理由として適切な地層の特徴を、下の①～④のうちから一つ選べ。
① 有機物も保水力も少ない。
② 有機物に富み保水力が高い。
③ 有機物には富むが保水力が低い。
④ 機物は少ないが、保水力が高い。

■ **表は、２つの森林（森Ａ、森Ｂ）の一定の面積内にある木の高さとその本数を表したものである。また、①～④は、森の様子が分かるように図に表したものである。下図に関して、問６～８に答えよ。**〈高認 R. 1-1 改〉

木の高さ	0.6 m 以下	0.6 ～ 4 m	4 ～ 8 m	8 m 以上
森　A	2　本	4　本	6　本	11　本
森　B	1　本	0　本	1　本	20　本

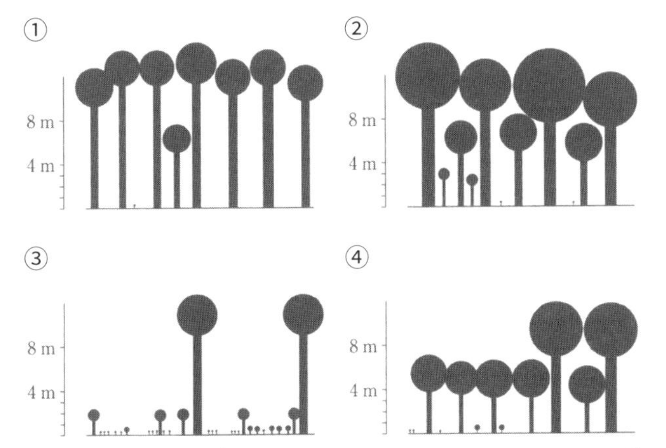

問6　森Ａを表した図として適切なものを、①～④のうちから一つ選べ。

問7　森Ｂを表した図として適切なものを、①～④のうちから一つ選べ。

問8　定期的に人の手が入っている人口林は、森Ａと森Ｂのどちらであるか。

■ 彩予さんはドローンを使って関東地方の森林Ｘ～Ｚの３か所を観察した。図は結果を模式的に示したものである。下図に関して、問９～10 に答えよ。〈高認 R. 1-1 改〉

問９　裸地から始まる遷移の場合、最も早い段階でみられる植生として適切な森林を、Ｘ～Ｚのうちから一つ選べ。

問 10　極相に最も近い植生を示している森林として適切なものを、Ｘ～Ｚのうちから一つ選べ。

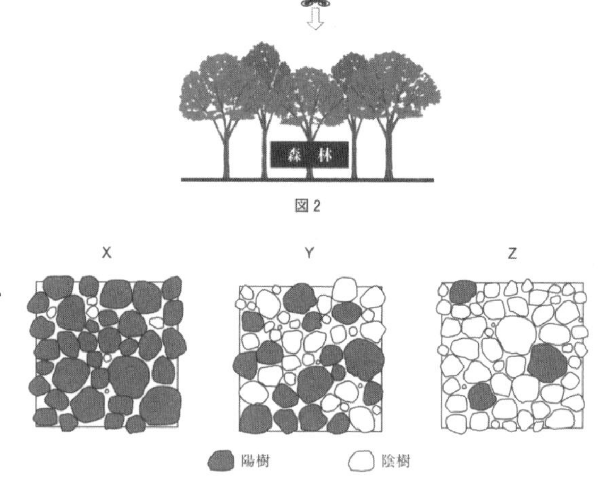

■ 下図は、ある森林での高さに応じた光の強さと二酸化炭素量の変化を示したものである。下図に関して、問 11 ～ 12 に答えよ。〈高認 H. 30-1 改〉

問 11　ａの部分で二酸化炭素の量が減っていっている理由として適切なものを、下の①か②のうちから一つ選べ。

① 植物が二酸化炭素を放出するから。

② 植物が二酸化炭素を吸収するから。

問 12　ｂの部分の二酸化炭素量の変化として適切なものを、下の①か②のうちから一つ選べ。

① 増加している　② 減少している

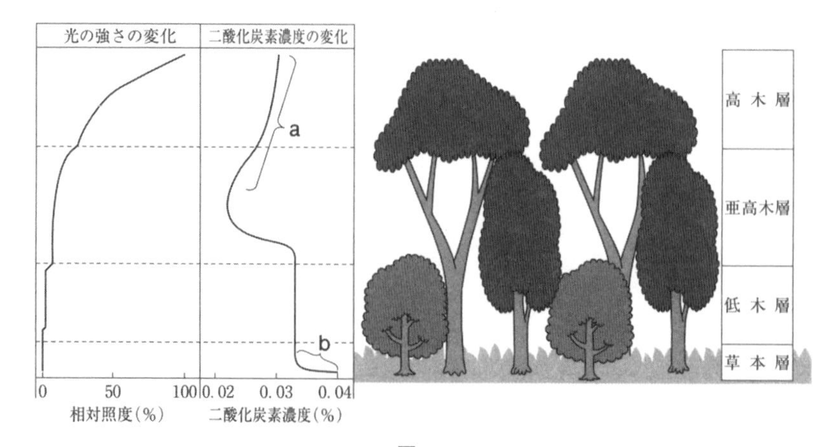

図１

解答・解説

問1：③

森林内の光環境は、太陽に近い上層が一番明るく地表層に近づくにつれて暗くなります。

問2：②

二次遷移は、山火事や耕作されなくなった農耕地のように既に土壌が形成されている状態から始まる遷移です。土壌には種子や地下茎なども残っているため1次遷移に比べて速く進行します。

問3：①

寒帯や亜寒帯の森林では、植物の生長も遅くミミズなど土壌生物が活動しにくくなるため腐植層は厚くなります。

問4：ア：④　イ：③　ウ：①

問5：②

細かい岩石と有機物を豊富に含む腐植物質がまじりあった粒状の構造により通気性がよく保水力が高い層が形成されます。ここでは植物の根がよく成長します。

問6：②

森Aは低木から高木まですべての層の樹木が存在します。中でも8m以上の高木が多い傾向にあります。これを示す図は、②となります。

問7：①

森Bは低～中木が少なく、高木が多数を占めています。よって①となります。

問8：B

自然林に対し、苗木を植えるなどして人の手によってつくられる森は人工林といいます。人工林は自然林に比べて構成する木の種類が少なく階層構造が単純となります。

問9：X

森林は、陽樹林→陰樹林と遷移します。陽樹は日当たりのよい環境で速く成長します。陽樹が占めている森林はXです。

問 10：Z

遷移がそれ以上進行しない状態を極相といいます。陽樹林が形成された後、陽樹の幼木は、森林の上層葉が茂っているため、光が届かず枯死します。その後、弱い光でも成長する陰樹が成長し森林は、陰樹林となります。極相は陰樹が占めているＺです。

問 11：②

森林の林冠部分では、葉が茂り光合成が盛んに行われているため植物が二酸化炭素を吸収しています。

問 12：①

林床では、土壌生物がおこなう呼吸などのために二酸化炭素が多く放出されます。また、林冠に比べて光が届きにくいため光合成で使用される二酸化炭素量が減ります。

2. 気候とバイオーム

各地のバイオームの違いと年降水量と年平均気温の関係をとらえましょう。水平分布・垂直分布が何を表すのか理解しましょう。

バイオーム

バイオーム（生物群系）とは、植物とそこに生息する動物・菌類・細菌類・微生物などすべての生物のあつまりのことです。下の図は、年平均気温を横軸・年降水量を縦軸にバイオームの関係を示したものです。

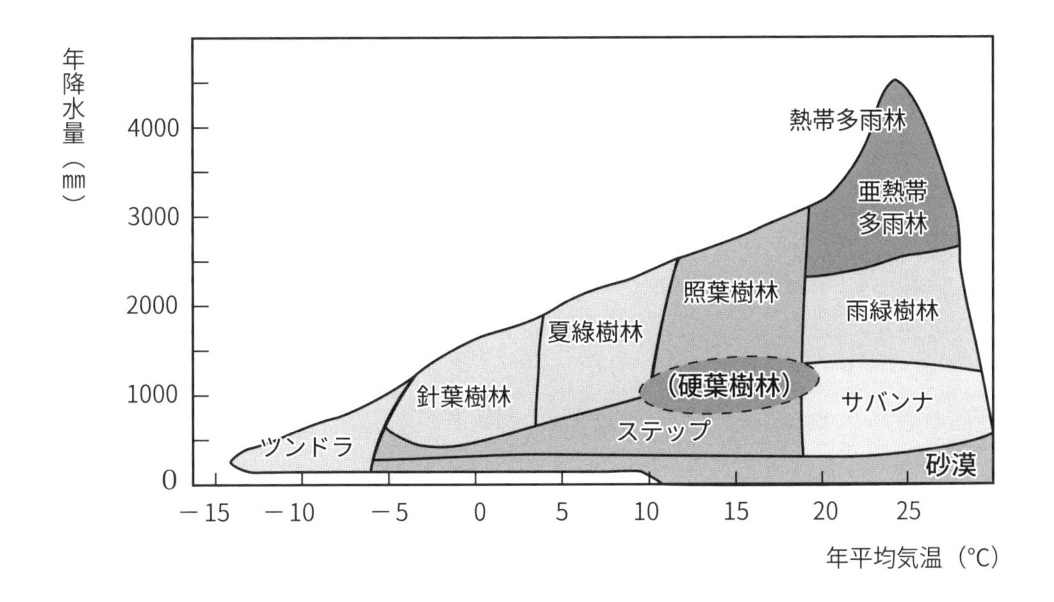

気温が下がるほど降水量も減る傾向にあります。年降水量が豊富で**年平均気温が−5℃以上**の地域では、**樹木の生育が可能となり森林が発達します**。年降水量が少なく乾燥した地域では、樹木が育たずイネ類を中心とした草原が占めます。年降水量300㎜以下または年平均気温が−5℃以下の地域は、植物の生育環境としてはとくに厳しく、限られた植物だけが生息する荒原になります。日本は、**針葉樹林**（しんようじゅりん）・**夏緑樹林**（かりょくじゅりん）・**照葉樹林**（しょうようじゅりん）・**亜熱帯多雨林**（あねったいたうりん）と4つのバイオームにまたがっています。

世界のバイオーム

降水量：★　気温：ｺ

◉ ツンドラ・高山植生

気温が極端に低い地域で、夏以外は地面の温度が０℃以下となる凍土層が地表まで達します。**厚い永久凍土層**は、栄養分が少ない土壌となります。**降水量も少なく、短い夏の期間以外は植物の生息が困難**です。生息できる植物は、コケ植物・地衣類・草本などに限られます。

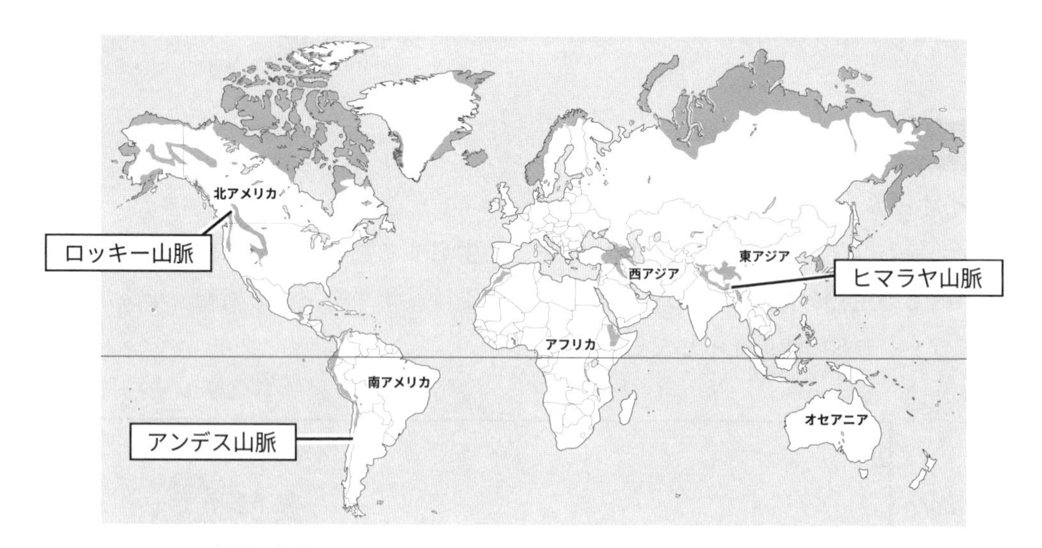

ツンドラは、寒冷地域のバイオームであり、多くは北極や南極寄りの大陸に存在しますが、赤道付近にも点在します。これは、標高の高い山岳地帯が存在するためです。標高の高い山は雨を降らせる雲が届かないため、気温だけではなく降水量が少ないというツンドラの条件に合致します。

代表的な樹木：地衣類・コケ類・草本

◉ 針葉樹林（しんようじゅりん）　降水量：★☆　気温：★

年間平均気温が０℃前後の寒さが厳しい地域にみられます。

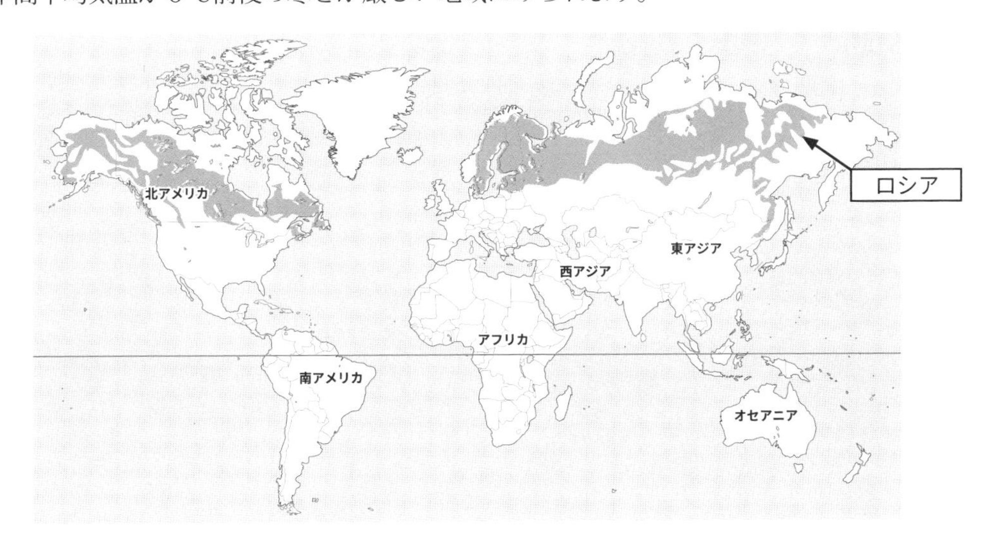

耐寒性（たいかんせい）が高い針葉をもつ寿命が長い樹木が優占しています。針葉樹林は２つに区分されます。

◉ 常緑（じょうりょく）針葉樹 …… 年間通して葉をつける　例：モミ・トウヒ
◉ 落葉（らくよう）針葉樹 …… 寒さが厳しくなると落葉する　例：カラマツ

代表的な樹木：カラマツ・トウヒ・モミ

雪に接触する部分を最小にするため葉の形状が針状になっています。

◉ 夏緑樹林 　　降水量：★★　気温：★★

冬の寒さが比較的厳しい冷温帯地域にみられます。冬に落葉することで冬の寒さに適応する樹木です（落葉広葉樹）。

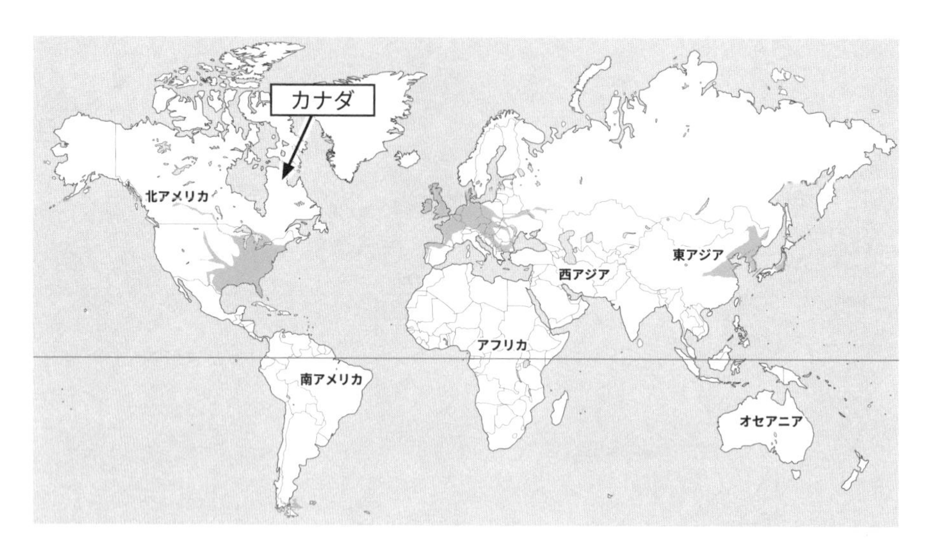

代表的な樹木：ブナ・ミズナラ・カエデ

サトウカエデは、樹液の糖濃度が高く耐凍性（凍結しにくさ）をもっています。

カナダのメープルシロップは、サトウカエデ等の樹液を煮詰めたものです。

コナラ

カエデ科カエデ属のもみじ

◉ 照葉樹林（しょうようじゅりん）

降水量：★★☆　気温：★★☆

冬の寒さが穏やかで、夏に降水量が多い暖温な地域（ちいき）にみられます。

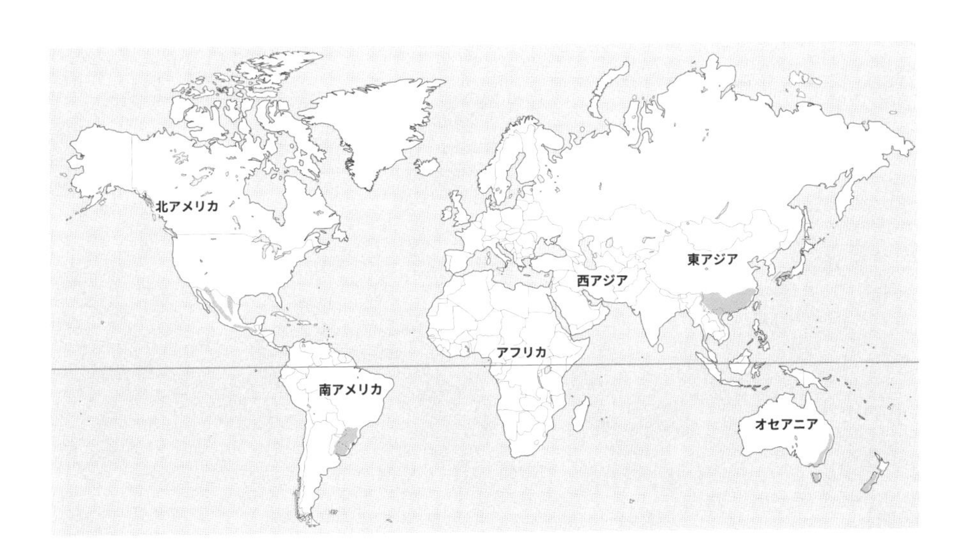

硬（かた）く厚い葉をもつ常緑広葉樹が優占しています。冬でも落葉しないので、一年にわたって光合成をすることができます。葉の表面のクチクラ層が発達しているため、葉に光沢があります。これが照葉の名前の由来です。

代表的な樹木：カシ・シイ・タブノキ・スダジイ

スダジイ

冬に寒さが厳しい地域では、冬季は日照時間が短く光合成を行うことが難しいため、呼吸や蒸散の負担だけがかかります。そのため、葉を落として自分の体を守っているのです。

◉ 雨緑樹林

降水量：★★　気温：★★★★

熱帯・亜熱帯と年平均気温は同じであり、**雨季と乾季**がある地域にみられます。

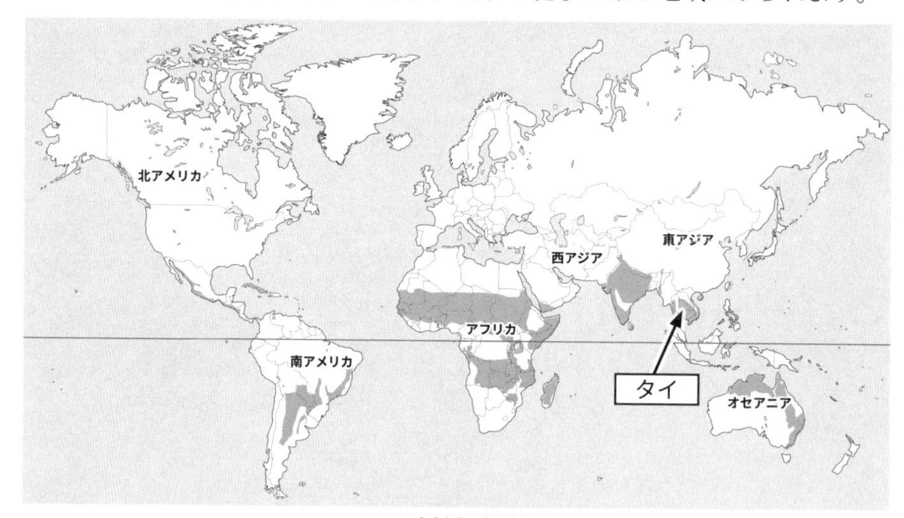

雨季に葉を茂らせ、乾季に葉を落とす落葉広葉樹が優占します。

代表的な樹木：チーク

◉ 熱帯雨林

降水量：★★★★　気温：★★★★

1年中高温多湿で、季節の変動が少ない地域にみられます。赤道付近に分布しています。

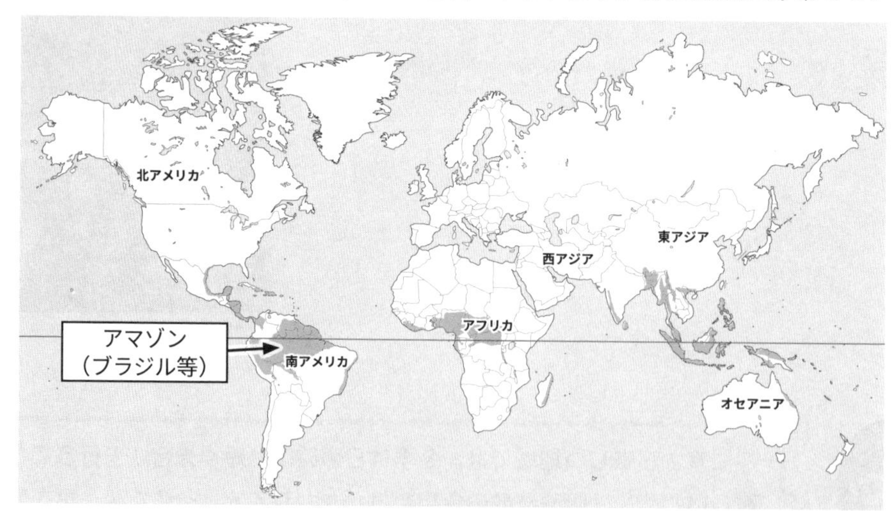

高い樹木が多く、森林の階層構造が複雑です。樹高 50 mを超す常緑広葉樹が占有しており、多種多様な生物のすみかになっています。河口付近では、耐塩性が高く海水でも生育できる**マングローブ林**がみられます。根の部分が生物の生息場所になっています。

代表的な樹木：フタバガキ・ラン類

◉ サバンナ

降水量：★　気温：★★★★

熱帯・亜熱帯の乾燥地域。乾季が数か月に及ぶ乾燥した地域です。1年を通して気温は高くなっています。

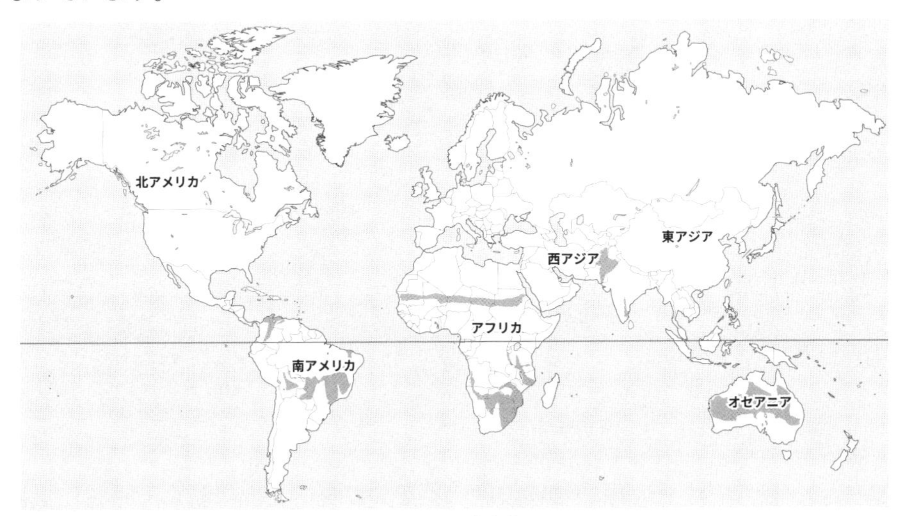

降水量が少ないため樹木が成長しづらく、背丈（せたけ）の低い木本がまばらに点在します。また、雨季に成長するイネ科の植物が優占する草原が広がります。アフリカのサバンナには、ゾウ・ライオン・キリンなど多種の野生動物が生息します。

代表的な樹木：イネ類・アカシア

◉ ステップ

降水量：★　気温：★〜★★★

温帯にあり、大陸の中央部分にある乾燥地帯に分布しています。

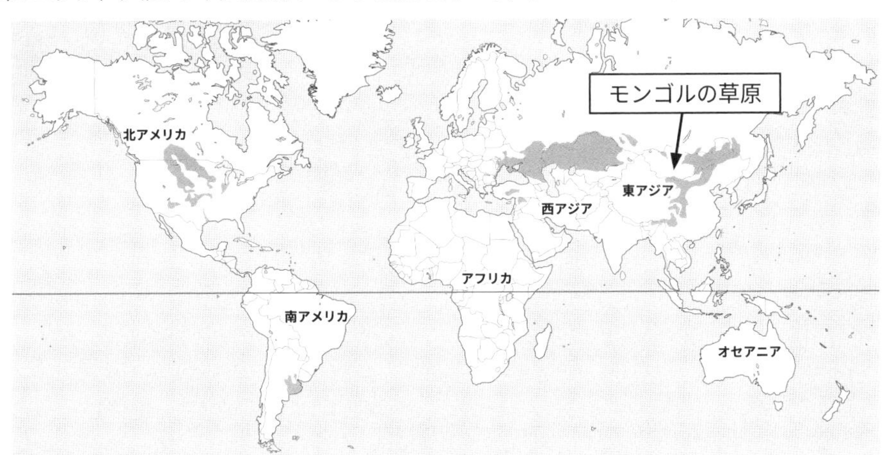

降水量が少ないため、木本はほとんどみられません。雨季にはイネ科の植物の草原が広がります。モンゴルの遊牧民（ゆうぼくみん）は乾燥に強い家畜（かちく）を育てており、家畜のエサを求めて住居ごと移動をします。

代表的な樹木：イネ類

◉ 硬葉樹林（こうようじゅりん）

降水量：★☆　気温：★★★

冬に雨が多く、夏の乾燥が激しい地中海性気候に適する樹林です。

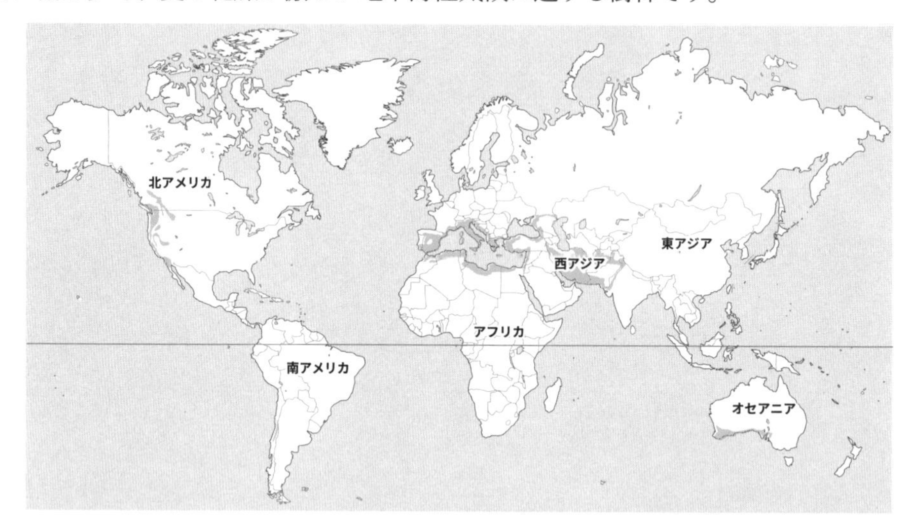

この地域では、硬くて小さく厚い常緑の硬い葉をつけ夏の乾燥に耐える常緑広葉樹が植生します。

代表的な樹木：オリーブ・ゲッケイジュ・ユーカリ

オリーブ

降水量：🌢　気温：★〜★★★★

◉ 砂漠

サバンナやステップより降水量が少なくなるため、ほとんどの植物は生息(せいそく)できません。

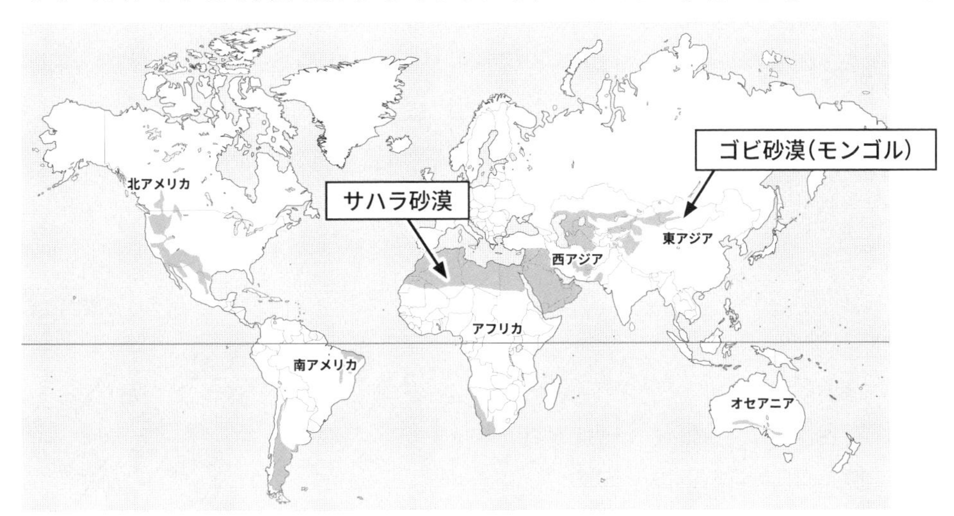

サボテンなど乾燥に適応した植物がまばらに生息します。

代表的な樹木：サボテンなどの多肉植物

日本のバイオーム

日本は降水量が多いため、極相のバイオームは海岸や高山などを除き、森林となります。

◉ 水平分布

日本では、南北方向に大きな気温差があります。緯度(いど)による南北方向の植物バイオームの分布を**水平分布**(すいへいぶんぷ)といいます。日本では、バイオームの水平分布は以下のようにみられます。

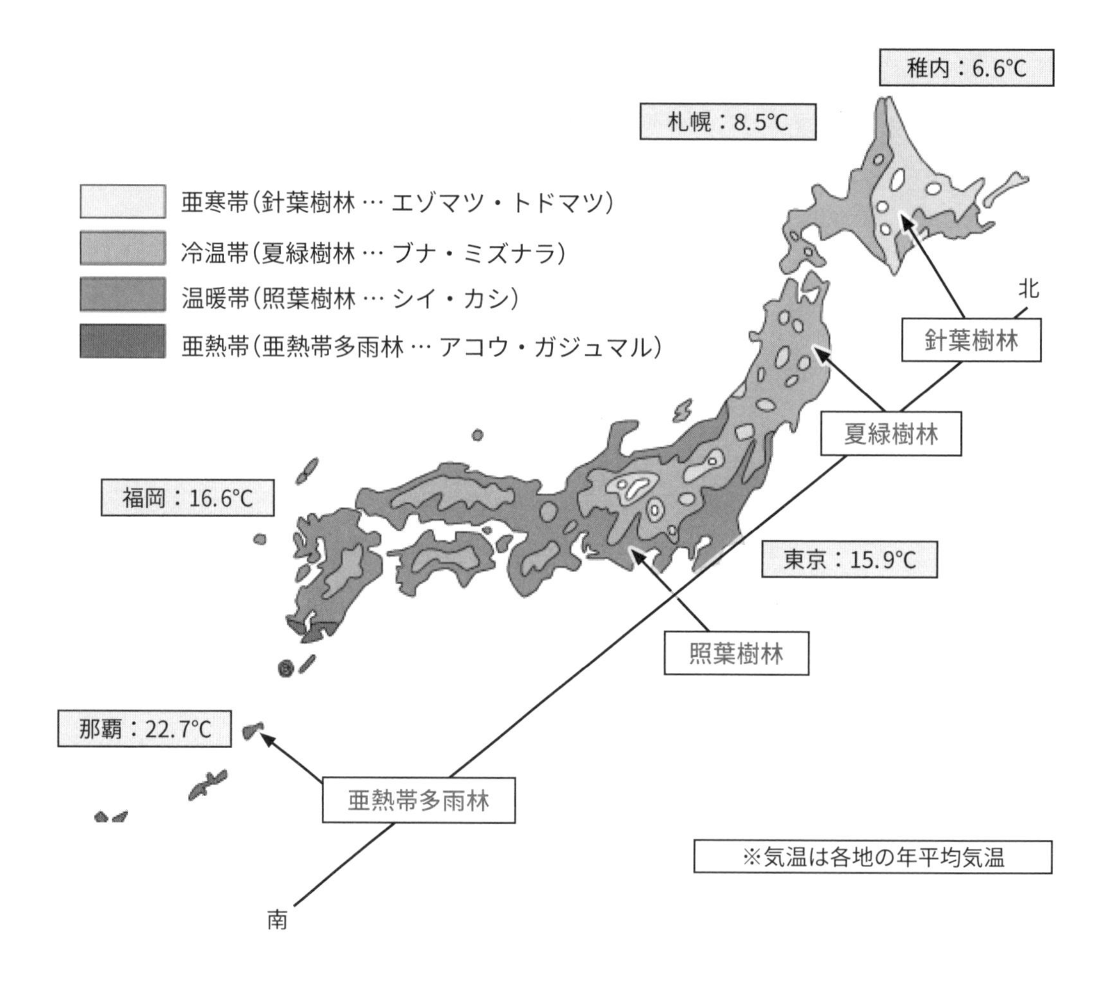

◉ 垂直分布

垂直分布とは、高度に応じた垂直方向のバイオームの分布です。標高の高さにより、以下のように分けられます。

低地帯（丘陵体）＜ 山地帯（低山帯）＜ 亜高山帯 ＜ 高山帯（亜高山帯）

標高が 100m 増すごとに気温は約 0.5°C低下するため、低地から高地にかけてバイオームの垂直分布がみられます。下の図から分かるように、北方にいくほど、バイオームの垂直分布の境界の標高は低くなります。

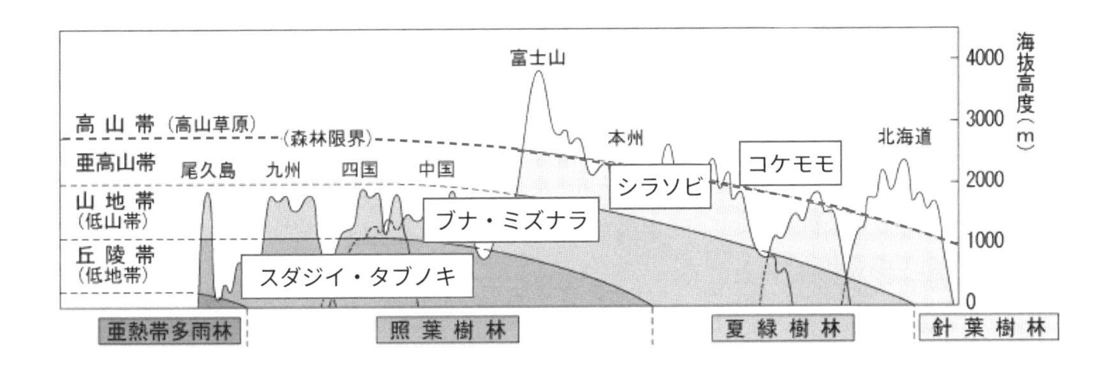

上の図より、富士山は、以下のように 4 つのバイオームが存在していることが分かります。

丘陵帯（～ 700m）…… 照葉樹林
山地帯（700 ～ 1500m）…… 夏緑樹林
亜高山帯（1500 ～ 2500m）…… 針葉樹林
高山帯（2500m ～）…… 高さのある樹木が見られなくなり、荒野やお花畑が広がる

なお、亜高山帯の上限では森林がみられなくなります。この境界を森林限界といいます。高山帯では、雪や氷が溶ける夏の時期に多くの植物が一斉に開花するお花畑がみられます。

Step｜基礎問題

（　）問中（　）問正解

■ 各問の空欄に当てはまる語句をそれぞれ①～③のうちから一つずつ選びなさい。

問１　バイオームは（　　　　）をもとに分類される。
① 植生　② 降水量　③ 年平均気温

問２　植生が影響を受ける２つの要因は（　　　　）である。
① 標高と緯度　② 年間平均降水量と年間平均気温　③ 緯度と経度

問３　年降水量が豊富な場合、森林のバイオームは、年平均気温が（　　　　）度以上の地域にみられる。
① 0℃　② －5℃　③ 5℃

問４　荒原のバイオームは、年降水量が非常に少ない、または年平均気温が（　　　　）度未満の地域にみられる。
① 0℃　② －5℃　③ 5℃

問５　樹高 50 m を超す常緑広葉樹の巨木やツル性植物など多くの種類の植物が存在し、森林の階層構造が複雑である森林は（　　　　）である。
① 雨緑樹林　② 照葉樹林　③ 熱帯多雨林

問６　熱帯の地域で雨季と乾季がある森林は（　　　　）である。
① 雨緑樹林　② 照葉樹林　③ 熱帯多雨林

問７　降水量が豊富で冬の寒さが穏やかな暖温帯地域で、硬くて光沢のある葉をもつ常緑広葉樹が優占する森林は（　　　　）である。
① 照葉樹林　② 夏緑樹林　③ 硬葉樹林

問８　地中海性気候地域にみられる、冬に雨が多く、夏の乾燥が激しい地域の森林は（　　　　）である。
① 照葉樹林　② 夏緑樹林　③ 硬葉樹林

解　答

問1：①　問2：②　問3：②　問4：②　問5：③　問6：①　問7：①　問8：③

問 9　寒さの厳しい亜寒帯地域にみられる森林は（　　　　）である。
　① ツンドラ　② 夏緑樹林　③ 針葉樹林

問 10　熱帯の乾燥地域で、乾季が数か月に及ぶ地域にみられる草原は（　　　　）である。
　① ステップ　② サバンナ　③ ツンドラ

問 11　熱帯の乾燥地域で、乾燥に適応した植物が点在するかほとんど見られない地域は（　　　　）である。
　① 砂漠　② ステップ　③ ツンドラ

問 12　気温が極めて低い寒帯地域で、地衣類やコケ植物がおもに生息している地域は（　　　　）である。
　① 砂漠　② ステップ　③ ツンドラ

問 13　降水量が十分な日本のバイオームは（　　　　）の違いにより分布している。
　① 緯度・経度　② 気温　③ 標高

問 14　山地を除く関東から九州にかけてみられる森林は（　　　　）である。
　① 針葉樹林　② 夏緑樹林　③ 照葉樹林

問 15　西日本の山地や東北地域・北海道南部にみられる森林は（　　　　）である。
　① 針葉樹林　② 夏緑樹林　③ 照葉樹林

問 16　東北地域の高地や北海道にみられる森林は（　　　　）である。
　① 針葉樹林　② 夏緑樹林　③ 照葉樹林

問 17　富士山や日本アルプス、北海道の標高が高い山では、それ以上高くなると高木が育たなくなる。このような境界を（　　　　）という。
　① 高山限界　② 森林限界　③ 草本限界

解　答

問9：③　問10：②　問11：①　問12：③　問13：②　問14：③　問15：②
問16：①　問17：②

（　）問中（　）問正解

■ 世界のバイオームに関する下の写真と文章を読み、問１～３に答えよ。

〈高認 H. 28-2・改〉

問１　地域ａと地域ｂのバイオーム名として適切なものを、下の①～⑤のうちからそれぞれ一つずつ選べ。

① 熱帯多雨林　② ツンドラ　③ ステップ　④ 砂漠　⑤ サバンナ

問２　地域ａに生息する植物として適切なものを、下の①～③のうちから一つ選べ。

① サボテン類　② フタバガキ・カジュマル　③ ミズナラ・ブナ

問３　地域ｂに生息する植物として適切なものを、下の①～④のうちから一つ選べ。

① サボテン類　② フタバガキ・カジュマル　③ ミズナラ・ブナ

■ 図１は、世界のバイオームの地理的分布である。図１について、問４と問５に答えよ。

〈高認 H. 29-2・改〉

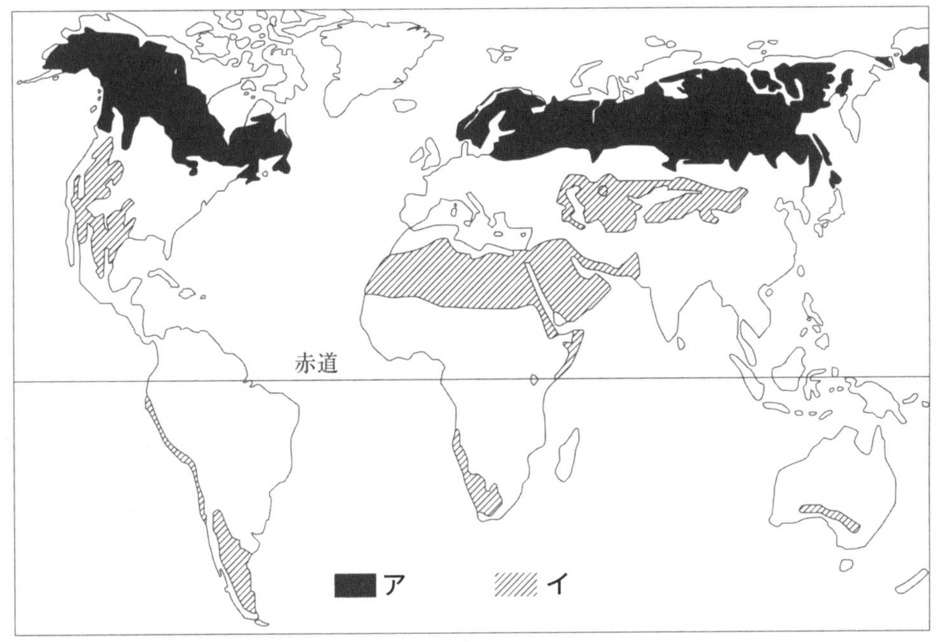

図１

問４　アの地域に見られる植生の特徴として適切なものを、下の①～⑤のうちから一つ選べ。

① 高木は見られず、低木・草本・コケ・地衣類などが生息する。
② 常緑の針葉をもつ針葉樹が生息する。
③ イネの仲間が優占する草原で、樹木はほとんどみられない。
④ 雨季と乾季がある。
⑤ 常緑の硬い葉をつけ夏の乾燥に適応した樹木が優占する。

問５　図１のア・イの地域にみられるバイオームの名称として適切なものを、下の①～⑤のうちからそれぞれ一つずつ選べ。

① サバンナ　② 砂漠　③ 針葉樹林　④ 夏緑樹林　⑤ 照葉樹林

■図２と図３は、世界のバイオームの写真と分布地図である。図２と図３について、問６～８に答えよ。〈高認 H. 29-1・改〉

図２

図３

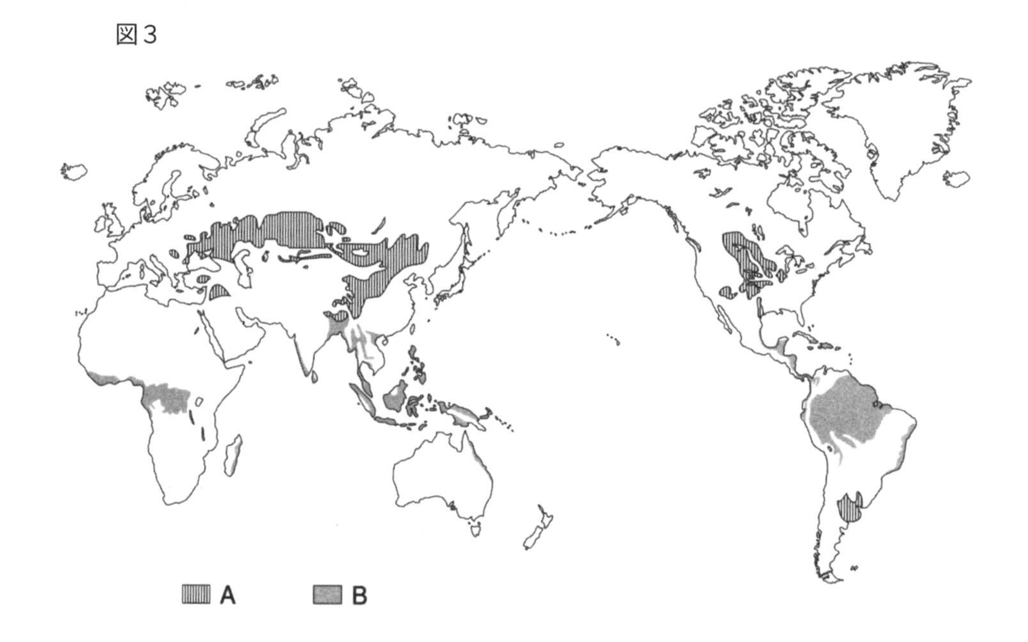

問６　図２は、温帯の内陸部にあり、イネ科草本が広がり樹木がほとんど生育しない地域のバイオームの写真である。このような地域の年間降水量として適切なものを、下の①か②から一つ選べ。

①　多い　　②　少ない

問７　図２のバイオームの名称として適切なものを、下の①～⑤から一つ選べ。

①　ツンドラ　②　針葉樹林　③　雨緑樹林　④　砂漠　⑤　ステップ

問８　図２のバイオームは図３のＡ・Ｂどちらに分布するか。

■ 図４は、日本列島のバイオームの分布を示したものである。図４について、問９～11に答えよ。〈高認 H. 29-1・改〉

問９　日本列島は南北に細長いが、緯度が高くなるほど気温がどう変化するか。下の①と②のうちから一つ選べ。
① 低下　② 上昇

図４

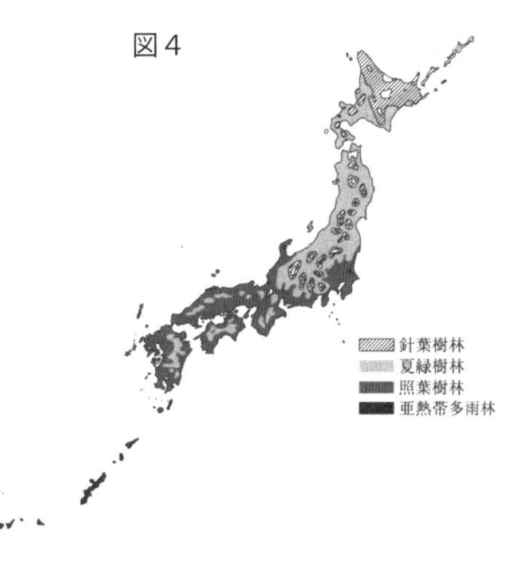

問10　バイオームも気温の変化とともに変化する。緯度の違いによるバイオームの分布の呼称として適切なものを、下の①と②のうちから一つ選べ。
① 水平分布　② 垂直分布

問11　中部地方内陸から東北・北海道南部にかけての低地でみられる樹木として適切なものを、下の①～④のうちから一つ選べ。
① アコウ・ガジュマル
② ブナ・ミズナラ
③ カシ類・タブノキ
④ チーク

■ 図５は、日本中部地方の垂直分布の例について示したものである。図５について、問12と13に答えよ。〈高認 H. 28-2・改〉

問12　Dのバイオームとして適切なものを、以下の①～③のうちから一つ選べ。
① 照葉樹林　② 夏緑樹林
③ 針葉樹林

問13　Cにみられる植物名として適切なものを、以下の①～④のうちから一つ選べ。
① トドマツ・エゾマツ
② ブナ・ミズナラ
③ メヒルギ・エゾマツ
④ スダジイ・タブノキ

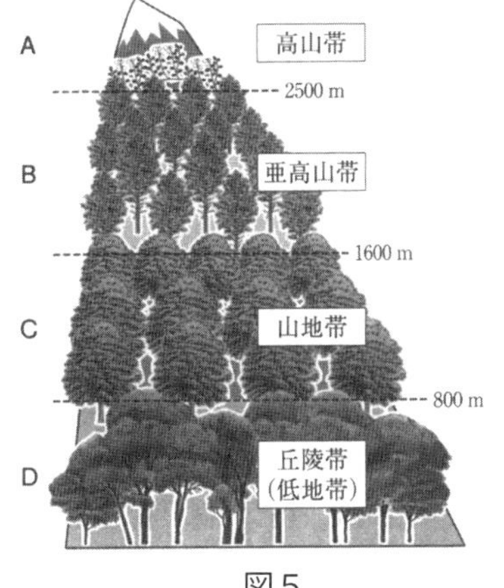

図５

解答・解説

問１：a: ①　b: ④

地域ａは、年降水量が 3000 ㎜を超え雨量が非常に多い事が分かります。また、年平均気温も 25.7℃と高いです。そのため、熱帯多雨林のバイオームということが分かります。地域ｂは、年降水量が 34.2 ㎜と低く、平均気温 21.5℃と高いため砂漠のバイオームということが分かります。砂漠は一日の気温差が 40℃近くあるため、年平均気温が低いです。写真からも木本や草本がないため砂漠と分かります。

問２：②

ブナ・ミズナラは、夏緑樹林にみられる樹木です。

問３：①

サボテンは砂漠にみられる植物です。

問４：②

①のコケ・地衣類が生息するバイオームはツンドラです。②は針葉樹林。③はステップかサバンナです。④の雨季と乾季があるバイオームは、雨緑樹林またはステップです。⑤の常緑の硬い葉をつけ夏の乾燥に適応する植物が生息するバイオームは、硬葉樹林です。

問５：ア：③　イ：②

アは、緯度の高い部分に分布しているため寒さが厳しい地域のバイオームと分かります。北海道も含まれていることからツンドラではなく針葉樹林であることが分かります。イはアフリカ大陸上部に広範囲を占めています。これはサハラ砂漠です。

問６：②

イネ科草本は、年間降水量が少ない地域の植生です。

問７：⑤

イネ科草本が広がり、年間降水量が少ない地域のバイオームはステップです。

問８：A

ユーラシア大陸中央部分に見えるＡの地域はモンゴルの草原です。この地域のバイオームはステップです。

問 9：①

赤道を 0 とし北極に向かうほど緯度は高くなります。日本は南の沖縄から北の北海道にかけて緯度が高くなるにつれて、年平均気温が下がっていきます。

問 10：①

緯度による南北方向によるバイオームの分布を水平分布といいます。

問 11：②

中部地方～東北～北海道南部は、夏緑樹林のバイオームです。ブナやミズナラの落葉広葉樹がみられます。アコウ・カジュマルは熱帯多雨林、カシ・タブノキは照葉樹林、チークは雨緑樹林の樹木です。

問 12：①

問題文中より日本中部地方と分かるので、この地域の低地帯 D のバイオームは照葉樹林となります。よって、D が照葉樹林、C が夏緑樹林、B が針葉樹林、A が高山帯の植生となります。

問 13：②

C は夏緑樹林であり、夏緑樹林の植生は落葉広葉樹のブナ・ミズナラです。

第5章

生態系とその保全

1. 生態系

生態系や種多様性についての用語を確認し、多くの生物がそれぞれどのような影響を与えあって生態系が維持されているのかを学んでいきましょう。

Hop｜重要事項

生態系

生態系（せいたいけい）とは、その地域で生活する生物の集団とそれらを取り巻く環境の事をいいます。生物を取り巻く環境の事を環境要因（かんきょうよういん）といいます。環境要因は、生物的環境と非生物的環境に分けられます。

◉ 生物的環境 …… その生物を捕食・被食するその他の生物のこと
◉ 非生物的環境 …… 光・温度・空気・土壌など生物以外の環境

非生物的環境から生物的環境へのはたらきかけを作用といいます。たとえば、気温が上昇し雨が降らないため植物が枯れるという現象は、非生物的環境から生物的環境への作用です。生物的環境から非生物的環境へのはたらきかけは環境形成作用といいます。たとえば、樹木が葉を茂らせることにより大気の酸素濃度が上昇し、林床に光が届きにくくなるという現象は、環境形成作用です。

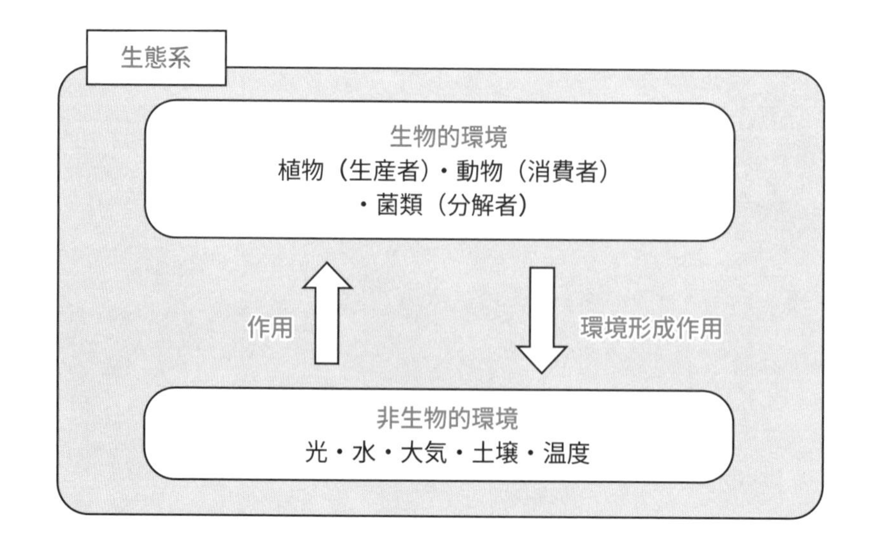

生態系は、次の３つに分けられます。

◉ 生産者 …… 太陽の光エネルギーを使い、無機物から有機物をつくり出すもの（樹木・草・海藻など）

◉ 消費者 …… 生産者が作った有機物を栄養分として摂取するもの

➡ 第一次消費者：生産者を食べる動物（アブラムシ）

➡ 第二次消費者：一次消費者を食べる動物（テントウムシ）

➡ 第三次消費者：二次消費者を食べる動物（クモ）

◉ 分解者 …… 生産者・消費者の遺体や排せつ物などの有機物を無機物に分解するもの（ミミズ・ダンゴムシ・菌類・細菌など）

食物連鎖

植物・動物の間には、捕食（ほしょく）・被食（ひしょく）（食べる・食べられる）の関係があります。植物はウサギのような草食動物（植物食性動物）に食べられます。草食動物は肉食動物（動物食性動物）に食べられます。このような「食う食われる」の動植物の関係を食物連鎖（しょくもつれんさ）といいます。

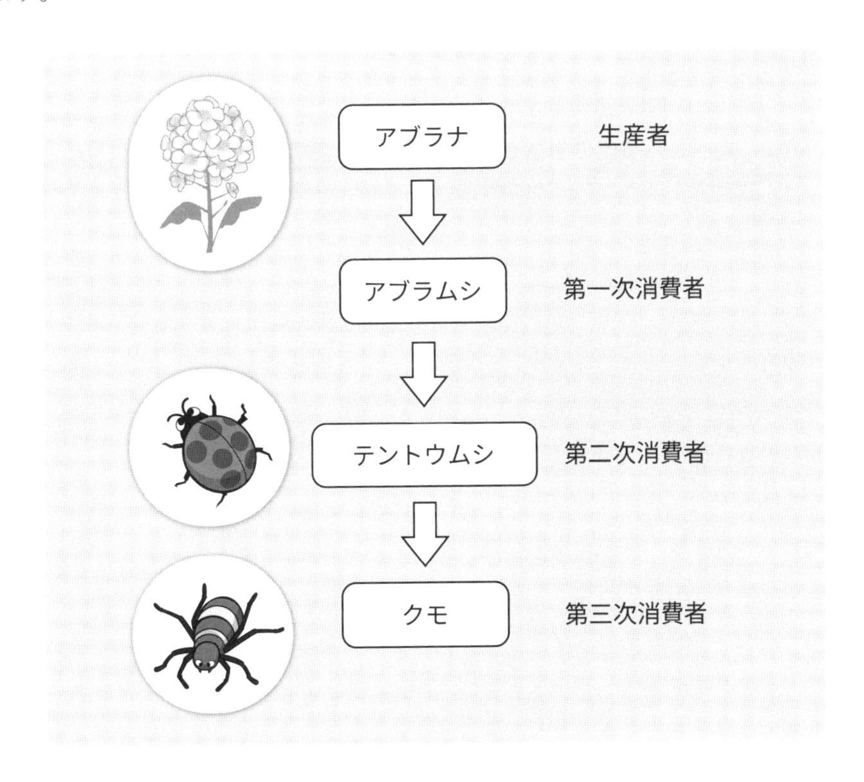

生態ピラミッド

生産者を第一段階とした食物連鎖の各段階を**栄養段階**(えいようだんかい)といいます。個体数は、ふつう生産者が最も多く、栄養段階が上がるにつれて少なくなっていきます。栄養段階を積み上げるとピラミッド型になります。これを**生態ピラミッド**といいます。

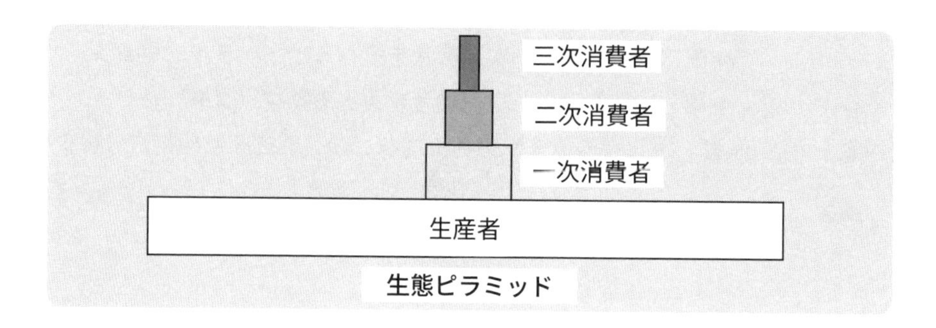

生態ピラミッド

栄養段階は生産者が一番多く、栄養段階が上に上がるにつれて個体数の割合は少なくなっていきます。もし、上にいくにつれて個体数の割合が多くなると、上位の生物は餌がなくなり絶滅してしまいます。栄養段階の上位の生物は、下位の生物に支えられていることがわかります。

食べられる側の生物を被食者、食べる側の生物を捕食者といいます。

種の多様性

生態系における生物の種類が多いことを、**種多様性**といいます。種多様性は、環境によって違いがあります。

《環境による多様性の違い》

種多様性		
高	◉ 熱帯多雨林 ……	降水量が豊富で気温も高いため、地球上で最も多くの種が存在する
低	◉ 砂漠・ステップ・ツンドラ ……	降水量が限られ生物の生育に必要な水を得ることが困難。過酷な環境に適応できる限られた種しか生育することができない

生物多様性を考える時、「種」「遺伝子」「生態系」の３つの視点が重要です。

《生物多様性　３つの視点》

◉ 種多様性 ………… 地球上には 190 万種の生物が発見されており、未確認の種はその 10 倍以上いると推定されている。これらの種は、さまざまに関係し合いながら存在している

◉ 遺伝的多様性 …… 種の中には遺伝的な多様性がみられる。たとえば、ヒトの肌や眼の色など同じヒトでも多様な形質をもっている。遺伝的多様性を持つことで、温暖化や寒冷化などの環境変動を乗り越えて種が生存することが可能となる

◉ 生態系多様性 …… 河川、水田、草原、森林、海洋など異なる生態系には異なる生物が生息している。これら生態系は、生物の移動や物質（水・土・大気）の移動により相互に関わりをもっている。生態系の多様性は、種の多様性を高めている。また、生物によっては、例えばトンボ（ヤゴ：水田、トンボ：草原）のように、生長とともに複数の生態系を必要とするものも存在する

実験

ツルグレン装置を使って身近な土壌の生物の種類を確かめる。

方法

① 調査区（林道・公園の歩道）の土壌を５㎝掘り、土壌を採取する。
② 採取した土壌をツルグレン装置にセットする。
③ 採集ケースに落ちてくる土壌動物を顕微鏡で観察する。

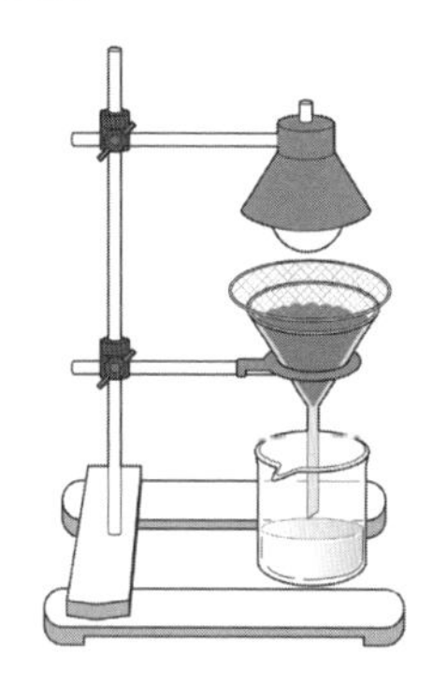
【ツルグレン装置】

結果

	ダニ類	トビムシ類	ダンゴムシ類	ワラジムシ類
公園の花壇	35	20	0	0
林　道	32	56	5	7

（匹/200 ㎤）

考察

林道の土壌の方が花壇の土壌よりも、採取された土壌生物の数が多かった。林道の土壌は、花壇ではみられないような多種の生物が見られた。これは、林道では落葉落枝が多く水分も豊富なため、多くの土壌生物が生息できる環境にあるためだと考えられる。

ツルグレン装置とは、強い光と乾燥に弱い土壌生物が、光と反対の方向に逃げる性質を利用して土壌生物を採取する装置です！

食物網

食物連鎖は生物間で複雑に絡み合い、網目のような食物網を形成しています。食物網の矢印の方向には、有機物とともに化学エネルギーの移動が生じています。下図を見ると、１種類の生物が複数の生物に被食捕食されていることがわかります。

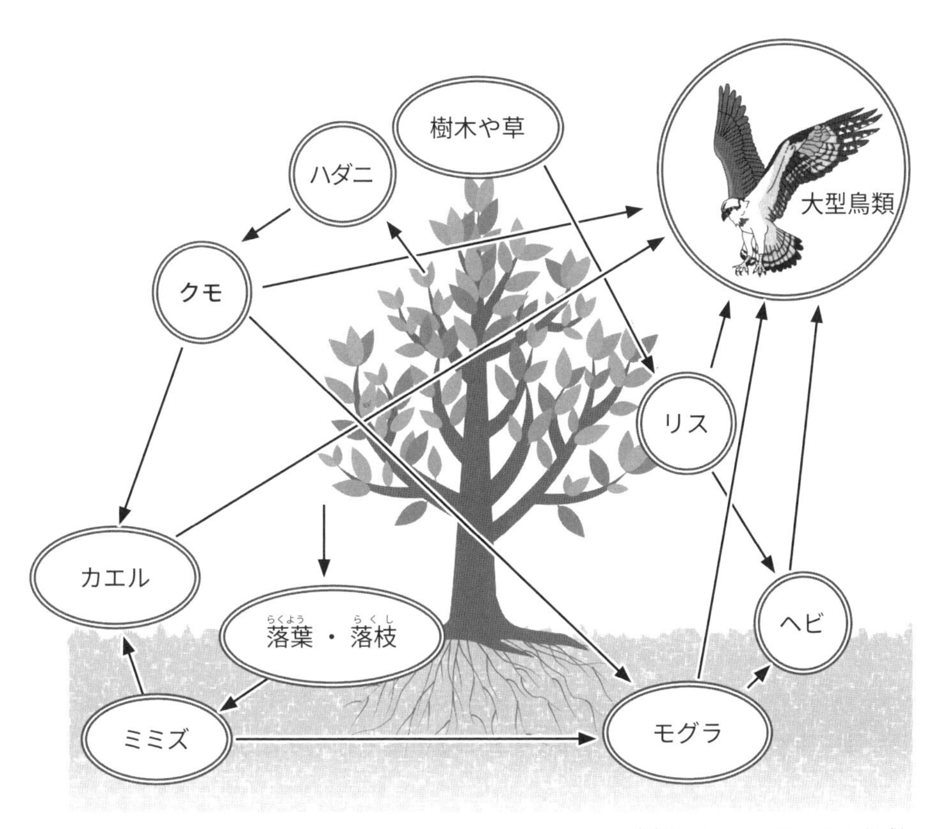

〈高認 R. 1-2　図をもとに作成〉

Step｜基礎問題

（　）問中（　）問正解

■ 各問の空欄に当てはまる語句をそれぞれ①～③のうちから一つずつ選びなさい。

問1　生物的環境の中で、菌類や細菌類は（　　　　）に分類される。

① 生産者　② 消費者　③ 分解者

問2　生物的環境の中で、植物は（　　　　）に分類される。

① 生産者　② 消費者　③ 分解者

問3　生物的環境の中で、草食動物は（　　　　）に分類される。

① 生産者　② 消費者　③ 分解者

問4　生物的環境の中で、無機物から有機物を作り出しているものは（　　　　）である。

① 生産者　② 消費者　③ 分解者

問5　生物的環境の中で、一次消費者となるのは（　　　　）である。

① 草木　② 草食動物　③ 肉食動物

問6　ある地域で生活する生物の集団とそれらを取り巻く環境を（　　　　）という。

① 生態ピラミッド　② 生態系　③ 環境要因

問7　非生物的環境から生物的環境へのはたらきかけを（　　　　）という。

① 作用　② 環境形成作用　③ 食物連鎖

問8　生物的環境から非生物的環境へのはたらきかけを（　　　　）という。

① 作用　② 環境形成作用　③ 食物連鎖

解答

問1：③　問2：①　問3：②　問4：①　問5：②　問6：②　問7：①　問8：②

問 9　「食う食われる」の動植物の関係を（　　　　）という。
　① 作用　② 環境形成作用　③ 食物連鎖

問 10　生態ピラミッドにおいて、もっとも個体数が多いのは（　　　　）である。
　① 生産者　② 一次消費者　③ 二次消費者

問 11　ヒト・シャチ・ネコなどは（　　　　）に分類される。
　① 生産者　② 消費者　③ 分解者

問 12　ミミズ・ダンゴムシなどは（　　　　）に分類される。
　① 生産者　② 消費者　③ 分解者

問 13　樹木や海藻などは（　　　　）に分類される。
　① 生産者　② 消費者　③ 分解者

問 14　生物が非生物（環境など）に影響を及ぼす事を（　　　　）という。
　① 作用　② 環境形成作用　③ 環境要因

問 15　非生物（環境など）が生物に影響を及ぼす事を（　　　　）という。
　① 作用　② 環境形成作用　③ 環境要因

答

問9：③　問10：①　問11：②　問12：③　問13：①　問14：②　問15：①

（　）問中（　）問正解

■ 次の各問いを読み、問１～５に答えよ。

問１　次の文章を読み、空欄［ア］、［イ］に当てはまるものとして適切なものを、下の①と②のうちからそれぞれ一つずつ選べ。〈高認 H. 30-1・改〉

> 生物が非生物的環境に影響を及ぼすことを［ア］という。この例の一つとして、土壌の形成があげられる。土壌は、岩石が風化してできた砂などに、落葉・落枝や生物の遺体が分解されてできた有機物が混じり合ってできている。落葉・落枝の分解は、ミミズ、ヤスデなどの土壌動物や大腸菌などの細菌、キノコなどの菌類の働きによって起こる。これらの生物によって形成され、発達した森林において土壌の構造は［イ］になっている。

ア：①　環境形成作用　　②　作用
イ：①　層状　　②　一様

問２　生態系のバランスについて**誤っている**文を、次の①～④のうちから一つ選べ。〈高認 R. 1-1・改〉

① 生態系の変化が大きい場合、バランスが崩れることがある。
② 生物の種類が少なく、単純な食物網をもつ生態系は生態系のバランスが崩れない。
③ 生物間の相互作用の一部が失われると、生態系のバランスが崩れ、特定の生物が大発生したり絶滅したりする可能性がある。
④ 生態系の変化が回復可能な一定の範囲内であれば生態系のバランスが保たれる。

問３　生態ピラミッドと種の多様性について述べた文として適切なものを、下の①～④のうちから一つ選べ。

① 生態ピラミッドの上位に位置する生き物は、最も個体数が多い。
② 生態ピラミッドの上位に位置する生き物は、最も栄養段階が低い。
③ 種の多様性はおおよそどの地域にも似た傾向があり、地域による差はほとんどない。
④ 生産者を捕食する消費者を一次消費者といい、一次消費者は二次消費者に捕食されるなどの捕食関係が成り立っている。

問4　次の文章を読み、空欄 ウ 、 エ に当てはまるものとして適切なものを、下の①と②のうちからそれぞれ一つずつ選べ。

生態系は、さまざまな要因がバランスを取って成り立っている。生態系は、その地域の気温や降水量によっても差があり、植生が豊かな ウ は多くの生物のゆりかごとなり、種の多様性を生み出す。
草や花は食物連鎖のもっとも下位に位置するが、動物の死骸やフンなどを分解する エ が作り出した栄養素を取り込んでおり、両者の関係にも密接な関係があるといえる。

ウ：①　熱帯多雨林　　②　サバナ
エ：①　消費者　　②　分解者

問5　身近な生態系を構成する生物間において、食べる、食べられるといった関係は基本的なものである。図１は、その関係の一部を示したものである。図１の生物Ａ、生物Ｂの例として正しい組合せを、下の①～⑤のうちから一つ選べ。

〈高認 R. 2-1・改〉

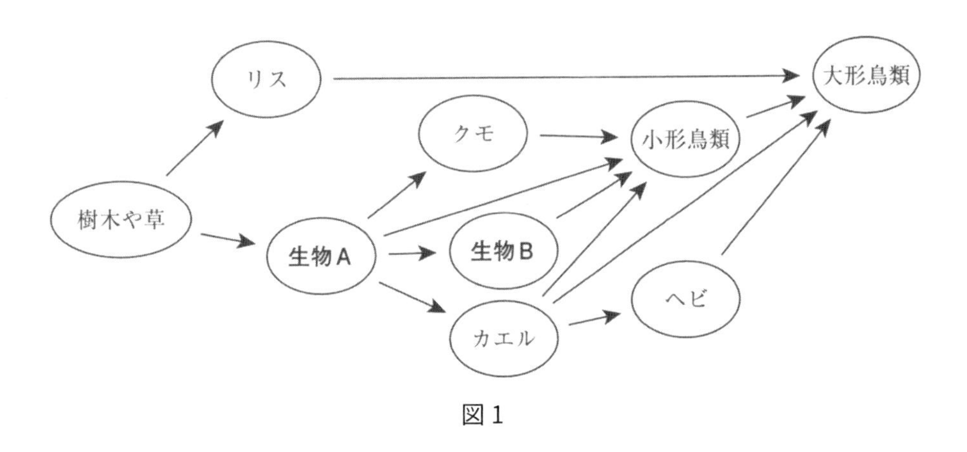

図１

	生物Ａ	生物Ｂ
①	バッタ	セミ
②	バッタ	カマキリ
③	カマキリ	キツネ
④	ミミズ	ミツバチ
⑤	シイタケ	キツネ

解答・解説

問１：ア　①　イ　①

生物から環境へのはたらきかけを環境形成作用といいます。発達した土壌の構造は、落葉層・腐植層・岩石が風化した層等の層状になっています。

問２：②

生態系にはさまざまな生物が互いに一定の関係をもって生活しています。この生物の間には複雑な食物網があり，そのおかげで生態系のバランスが維持されています。したがって，②が正解となります。

問３：④

①と②について、個体数が多く、栄養段階が多いのは生産者です。よって、①と②は誤りです。③について、種の多様性は、各地域の気温や降水量などの環境によって変化します。よって、③は誤りです。したがって、正解は④となります。

問４：ウ　①　エ　②

ウについて、種の多様性が高いのは、気温が高く、降水量が多い熱帯多雨林です。エについて、動物の死骸やフンを分解するのは分解者です。

問５：②

図１を見ると，生物Ａは樹木や草を食べ，生物Ｂに食べられるという関係があるので，バッタが該当します。また，生物Ｂは生物Ａ（バッタ）を食べ，小型鳥類に食べられるという関係があるので，カマキリが該当します。したがって，正解は②となります。

2. 生態系のバランスと保全

生態系のバランスの乱れにより、環境に大きな影響を与えます。環境が変わることにより絶滅する生物種もいます。現在の地球の問題について考えてみましょう。

Hop｜重要事項

生態系のバランス

生態系は、地震・噴火・人間による森林伐採・埋め立てなどにより壊されることがあります。これをかく乱(らん)といいます。かく乱を受けても、生態系は元に戻ろうとする復元力(ふくげんりょく)が働きます。生態系は常に変動していますが、変動の幅は一定の範囲内に保たれています。**復元力がはたらく状態は「生態系はバランスを保てている」といえます。**

復元力がはたらかないほどのかく乱が生じると、生態系は元の状態に戻れなくなり、生物種が絶滅するなど生態系に大きな影響が生じます。生物の進化の歴史の中で、種の絶滅は絶えず生じてきました。しかし、人間が存在しなかった時代に比べると、種の絶滅数は 100 ～ 1000 倍高いと推定されています。よって、現在の種の多様性の減少は、人間の社会活動によるものといえます。

キーストーン種

生態系の上位層にあり、少ない個体数でその生態系に大きな影響を与える生物をキーストーン種といいます。キーストーン種の個体数の減少は生態系絶滅の危機につながります。

アラスカ半島ではジャイアントケルプという巨大なコンブが生息し、海中で林をつくっています。そのコンブの林では、ラッコがウニを食べて、ウニがジャイアントケルプを食べるという食物連鎖が形成され生態系のバランスが保たれていました。ある時、乱獲によりラッコの個体数が極端に減りました。すると、天敵がいなくなったウニの個体数が増加し、ジャイアントケルプの量が急激に減少しました。さらに、エサのジャイアントケルプを失ったウニは減少してしまい生態系のバランスは大きく崩れてしまいました。ラッコは、この生態系のバランスを保つ**キーストーン種**だったことが分かります。

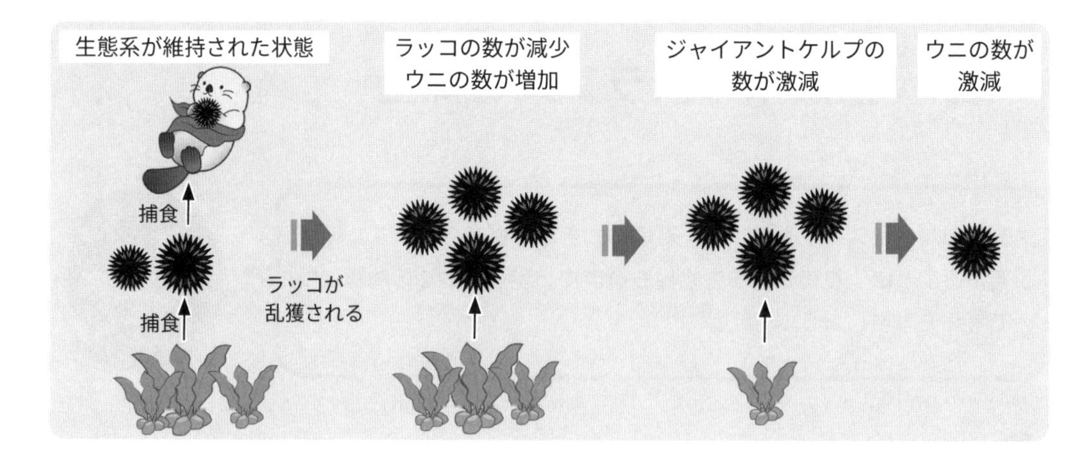

キーストーン種は、食物網の上位の捕食者であり、かつ、その生態系において多様性を維持するために重要なはたらきをしていています。生態系を支える要（かなめ）の存在であるキーストーン種の個体数の減少は、生態系絶滅の危機につながります。なお、ラッコとコンブのように、直接には捕食・被食の関係がない生物同士の影響を**間接効果**といいます。生物どうし、食物連鎖の関係を通して直接的・間接的に種多様性を維持しています。

キーストーンとは、要石（かなめいし）のことです。要石とは、それが失われると、橋や建物が壊れてしまう石です。

人間の活動に伴う生態系への影響

地球温暖化

人間の社会生活に伴い、石炭や石油のような化石燃料を燃焼することによって、二酸化炭素が増加しています。大気中の二酸化炭素やフロンやメタンなどは地球表面から放出される熱を吸収して温室効果を増大させます。二酸化炭素などを温室効果ガスとよび、これらが原因で地球の温度が上昇し、地球温暖化がおこっています。

地球温暖化により海水温や気温が上昇し、その環境に対応できない生物種の絶滅が危惧されています。また、海水面の上昇により海抜が低い陸地が消滅することも予測されます。

右の図は、大気中二酸化炭素の世界平均濃度の経年変化を表しています。これより、二酸化炭素濃度が年々上昇していることが分かります（グラフがジグザグになっているのは、季節の変動により植物の量が異なり、植物の光合成による二酸化炭素吸収量に変化が生じているためです）。

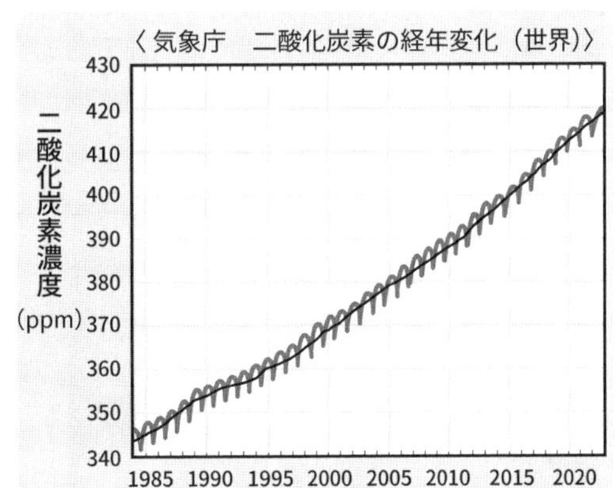

右の図は、ヒトスジシマカという、熱帯地域で流行するテング熱を媒介する蚊の分布域の北限を表しています。日本では、年平均気温が 11℃以上の地域で、ヒトスジシマカが分布しています。1950 年以後、分布域は年々北上しています。これは、温暖化による年平均気温の上昇に起因するものといわれています。これにより伝染病の流行可能地域が広がっています。

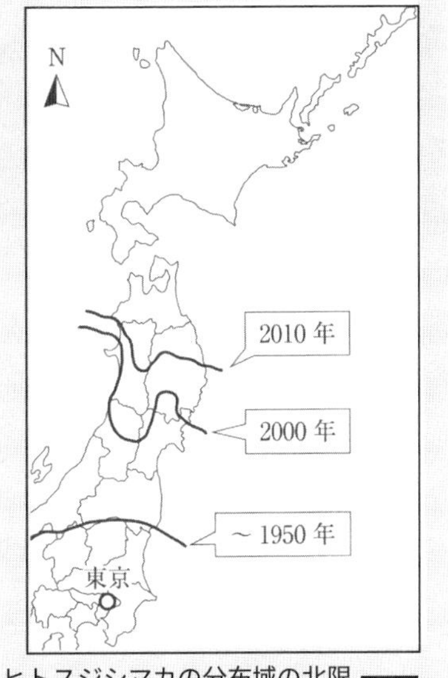

ヒトスジシマカの分布域の北限 ——
〈高認 H. 30-2 より一部抜粋〉

里山

人間は落葉広葉樹林からなる雑木林を生活の一部として利用してきました。木を切り倒し燃料となる炭を作り、落葉や下草を有機肥料として利用していました。コナラやクヌギなどの樹木は、10 ～ 20 年ほどで成熟した樹木に成長するという陽樹的な性質をもつため、伐採を繰り返すことができます。

樹木の生長のためには、ササなどの下草や陰樹的な樹木を切り倒すなど**人間が手を加える必要があります**。この雑木林やその周りの小川・ため池・その周りの丘陵地などを含めた一帯を**里山**といいます。

里山には、多種の動植物が生息しています。人間が管理する森林ですが、生物の多様性を保つために重要な植生の場となっています。里山は人間と自然が共存するシステムの一つであり、**持続可能な人間社会の姿**でもあります。しかし、近年、化学肥料を使った農業が主流となったことにより、里山が不必要になってきました。里山が人間に管理されなくなると、荒れた陰樹林になる傾向にあります。そして、葉が密に茂った林冠部により、地表に光が届かなくなると、地表に植物が生えず土壌が痩せていきます。その結果、土壌の保水力が弱くなり土砂崩れや崖崩れが起こりやすくなってしまいます。

【里山】

植物は土に根を張ることで、土をつなぎとめて留める性質をもちます。また、植物が作り出す土壌には隙間が多く、保水力が高くなるのです。

自然浄化のしくみ

生活排水には、食べ残しなどの大量の有機物が含まれています。生活排水が河川に流入することで、水質は汚濁します。右図は、河川に流入した有機物の変化を表しています。

①生活排水が流入する

②細菌が生活排水に含まれる有機物を養分に増加する（水質の汚濁）

③有機物の濃度が減少する（水質の浄化）

④細菌の呼吸のはたらきにより、水中の酸素濃度が減少する

⑤細菌の捕食者である原生動物が増加する

⑥細菌が減少する

⑦有機物が分解されて無機塩類が増加し、無機塩類を栄養分とする藻類が増加する

⑧藻類の光合成により水中酸素濃度が上昇する

元の河川の水質に戻る

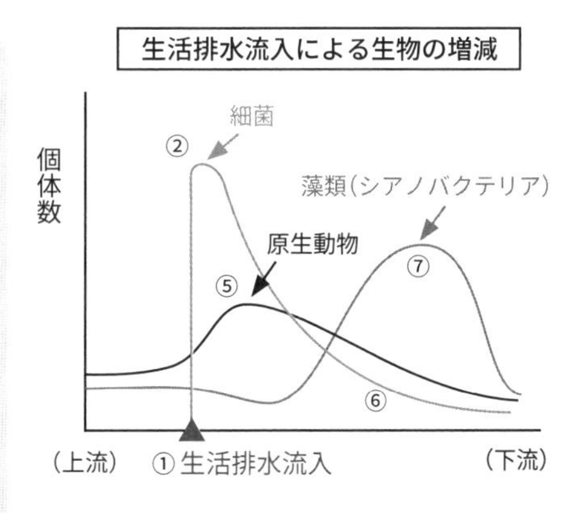

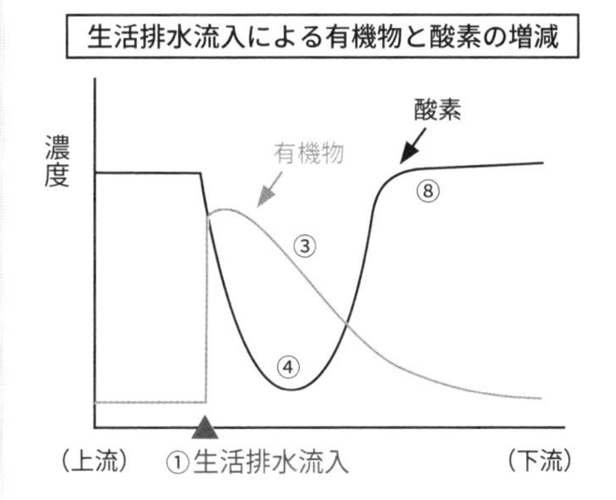

このように、生態系のかく乱が起きても一定の範囲内であれば、その生態系内の生物によって生態系は元の状態に戻ることができます。しかし、河川に含まれる有機物が多くなりすぎると、細菌が有機物を分解するために消費する酸素量が多くなり、水中の酸素濃度が減りすぎることがあります。

関連用語

◉原生生物 …… ゾウリムシなど他の生物を捕食する単細胞生物

◉ 河川や湖沼の富栄養化

農業で使用される化学肥料には、窒素やリンが含まれています。過剰な肥料は植物に取り込まれず、土壌にしみこみ河川や湖沼に流れ込みます。また、工場や家庭からの河川への排水にも窒素やリンが含まれています。これにより水中の窒素やリン（栄養塩類）の濃度が上昇します。これを、**富栄養化**といいます。栄養塩類は、水中のプランクトンの栄養となり、富栄養化した河川や湖沼ではプランクトンが大量発生します。河川でみられる**赤潮**や**青潮**や**アオコ（水の華）**は、プランクトンの色で海面が赤や青や緑になったものです。このとき、大量のプランクトンが水中で呼吸をするため、水中の酸素濃度が下がります。そのため、魚介類が酸欠で死んでしまい、生態系に大きなダメージを与えます。このように、人間活動によって生じる攪乱を**人為的攪乱**といいます。

◉ 干潟

干潟は、波が穏やかな入り江で砂泥を運び込む河川が流入する場所に多く発達します。潮の満ち引きにより水没と干出を繰り返し、潮干狩りなどが良く行われる場所でもあります。干潟は川が運んできた栄養塩類や有機物を**浄化**する作用があります。

《干潟の浄化作用》

①栄養塩類が植物プランクトンに取り込まれる
②植物プランクトンが動物プランクトンに捕食される
③動物プランクトンが貝類や魚類に捕食される
④貝類が、細かな有機物を含んだ汚れた液体をろ過して海水に吐き出す
⑤貝類や魚類を食べる鳥が干潟に集まる

このように、干潟は、多種の生物が生息し、それにより水中の栄養塩類を浄化することができる場となっています。しかし、埋め立て工事がしやすい地形でもあるため、埋め立てにより干潟の面積は年々減少しています。過去60年で日本の干潟の40%が失われました。

【干潟】

プランクトンとは、遊泳能力をもたず、水中を浮遊する生物です。植物プランクトンは光合成を行い、動物プランクトンは植物プランクトンを捕食して生きています。

実験

アサリの水質浄化作用を調べる。

方法

① 二つの水槽を用意し、片方にアサリを入れる。両方に同じ海水を同量入れる。

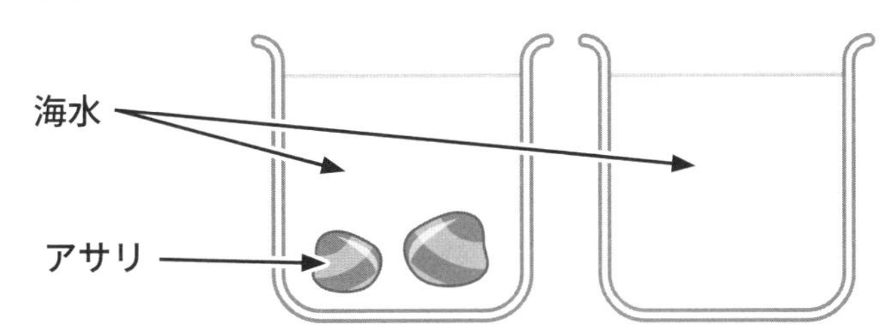

② それぞれに牛乳を少量加え、海水を白濁させる。

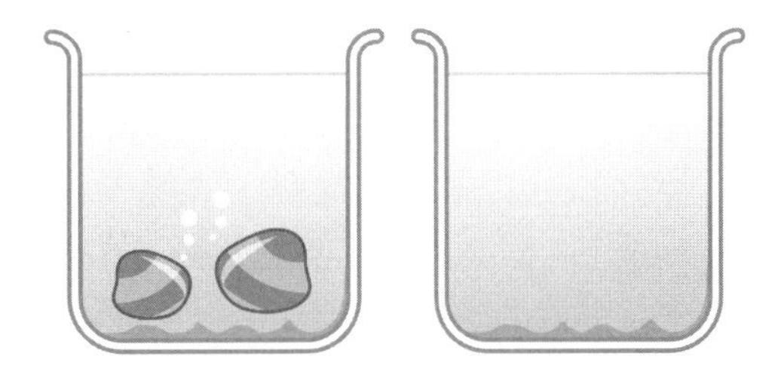

③ 60分後、水槽の濁り具合を記録する。

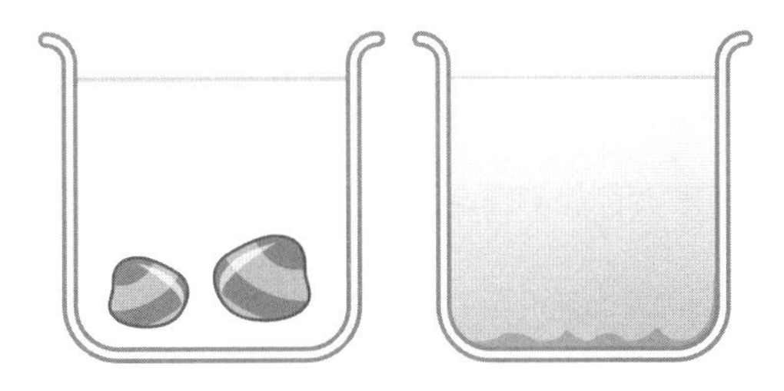

結果

アサリを入れた方の水槽の方が水の透明度が上がった。

考察

アサリに水質浄化作用があることがわかった。

環境への影響

◉ 砂漠化

森林を農地に転用するために、樹木の伐採や過度の焼き畑農業がおこなわれています。人口増加に伴い、住宅や燃料にするために伐採される樹木の量も増加しています。また、地球温暖化の高温による森林火災で、森林の消失も増え続けています。これらの要因により、森林の**砂漠化**が進んでいます。

◉ 酸性雨

化石燃料の燃焼により、大気中に窒素化合物などが放出されます。これらが雨と一緒に地上に降りそそいだものを、**酸性雨**とよびます。窒素化合物は水に溶けると硝酸という酸になります。酸は金属を錆びさせます。

酸性度が高くなった湖沼では水棲生物がすみにくくなります。また、酸により山の植生は枯れます。樹木や草本類が減ると山の保水力が落ち、わずかな雨で洪水となり、表面の土が流れやすくなります。このように、酸性雨は環境に大きな影響を与えます。

◉ 生物濃縮

かつて殺虫剤や農薬として使用されたDDPという薬品は自然界では分解されにくく、生物の体内に取り込まれても分解されず排出されにくいため、生物の体内に蓄積されてしまいます。このように、ある特定の物質が外部環境よりも高い濃度で体内に蓄積される現象を**生物濃縮**といいます。たとえば、田畑で使用されたDDPが河川に流出し、食物連鎖が続いていくと、それに従ってDDPの蓄積量も増えていきます。DDPは、ヒトの健康や生態系に大きな影響を及ぼしました。

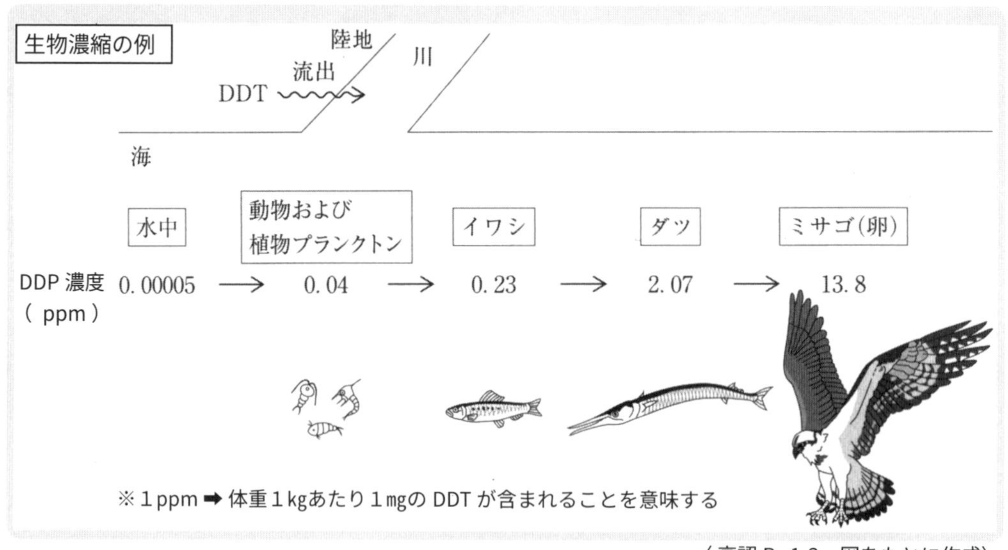

〈高認 R. 1-2　図をもとに作成〉

外来種

もともとその生態系にいなかった生物が人間の活動により持ち込まれ、その生態系の新たな構成種となった生物を**外来種**といいます。交通の発達により、以前では起こりえなかった速さと規模で外来種は増えています。外来種により生態系のバランスが崩れ、生物の多様性に影響を与えています。外来種の中で、特に生態系や農林水産業に影響を与えるものを**特定外来生物**と定めており、厳しく規制しています。

日本に持ち込まれた外来種の例

◉セイタカアワダチソウ

北アメリカ原産の外来種。根から周囲の植物の成長を抑制する化学物質を分泌し、在来の植物の生育に影響を与えている

特定外来生物

◉オオクチバス・ブルーギル

北米原産の肉食の淡水魚。日本に天敵となる種がいないため、日本の在来魚の脅威となっている

◉オオハンゴンソウ

北米原産のキク科の黄色い花。種子だけで繁殖されるのではなく、地下茎からも増殖する

◉マングース

南アジアに生息する哺乳類。ハブ駆除を目的に沖縄に連れてこられたが、ハブ以外の在来種を捕食するため生態系に影響が出ている

◉キョン

中国や台湾に生息するシカ。個体数が多く、森にある新芽や草を食べるため森全体の生態系を破壊している。農業被害も拡大している

◉カミツキガメ

アメリカ原産のカメ。ペットとして飼われていた個体が自然界に放たれ繁殖している

◉ヒアリ

南米に生息する毒性のあるアリ。船や飛行機などに紛れ込み日本に入ってきた

小笠原諸島の外来生物問題

世界遺産に登録されている小笠原諸島（おがさわらしょとう）は、過去に大陸と陸続きになったことがありません。そのため、島独自に進化した生物が生息する生態系がみられます。

小笠原諸島にいる哺乳類はオガサワラコウモリのみでした。しかし、第二次大戦後にヤギが人間とともにつれてこられ、野生化して爆発的に繁殖しました。在来の植生はヤギに食べつくされ、森林がなくなってしまう島もあり、島の生態系のバランスが大きく崩されました。現在、ヤギは駆除されましたが、クマネズミなど別の外来生物の影響を受け、元の植生には戻っていません。現在も大規模な外来生物の駆除対策が行われています。

絶滅危惧種

生態系では多様な生物が関わり合いながら生きています。生物多様性の高い生態系は復元力が大きく、バランスがとれた持続可能な生態系です。

環境が急激に変化すると、その変化に対応できない生物が全滅することがあります。これを絶滅（ぜつめつ）といいます。また、生息している数が減り、絶滅の恐れがある種を絶滅危惧種（ぜつめつきぐしゅ）といいます。

生物多様性は環境変化を反映するバロメーターでもあります。現在、人間の影響がなかった時代に比べて、生物種の絶滅数は 100 ～ 1000 倍高くなっていると推定されています。日本では、里山や湿地の減少にしたがいトキをはじめとした多くの生物に絶滅の恐れが出ているといわれています。

日本の絶滅危惧種

◉ライチョウ……高山帯に生息
◉ウミガメ……護岸（ごがん）工事により、産卵場所である砂浜が減少している
◉シマフクロウ……北海道に生息。個体数が激減している
◉トキ……乱獲や生息地となる森林の伐採により、個体数が激減している

絶滅のおそれのある野生生物についての生息状況などをまとめたレッドデータブックが国際機関や国・県などによってつくられています。絶滅のおそれのある種を的確に把握することを目的にしています。世界では絶滅危惧種として約４万種がリストアップされています。

種多様性が高いほど、生態系は安定していると考えられています。食物網が多種の生物により複雑に絡み合うことで、ある一つの種が減少しても他の種に与える影響が低くなるためです。世界規模での大量絶滅が起こると、種の多様性が低下する恐れがでてきます。

生態系の保全

生物や自然環境が今後も継続的に存在できるようにする取り組みを保全（ほぜん）といいます。生物が地球で生存していくためには、多様性の保全が重要です。

《生物の保全が必要な理由》

- ◉ それぞれの生物は存在する権利がある
- ◉ 人間生活の発展のために、さまざまな生物が必要である
- ◉ 自然環境や生物の保全が経済的な利益につながる

生態系の保全に関する事項として、さまざまな環境開発における影響を評価するために、開発の事前・事後に生物や環境に対して調査を行う環境アセスメントがあります。

例：高速道路の建設予定地の
　　環境アセスメントによる取り組み

高速道路建設の前に、高速道路建設によりその地域で絶滅のおそれが生じる可能性のある動植物を調査する。そして、建設の前に影響を受けない周辺の場所に移植するなどの措置をとり環境開発による影響を抑える取り組みをすることができる。

生態系サービス

人間が生態系から受ける恩恵の事を生態系サービスといいます。生態系サービスは、基盤サービス・供給サービス・調整サービス・文化的サービスの４つに分類することができます。生態系サービスを継続的に利用するためには、生態系の保全が必要です。

供給サービス	調整サービス（気候の変化を緩和する）	文化的サービス（人間生活を豊かにする）
食料・木材・薪燃料・水などの資源を供給する	森林 ➡ 山崩れの防止 微生物 ➡ 水質の浄化 マングローブ林 ➡ 防潮堤	森林・海岸 ➡レジャー・芸術・教育
基盤サービス（生態系の土台を支える） 植物の光合成による有機物生産・植物による二酸化炭素の吸収・土壌の形成		

持続的に生態系サービスを利用していくための取り組みとして、「持続可能な開発目標（SDGs）が国連により 2015 年に採択されました。エネルギー消費・自然環境など 17 個の目標が挙げられています。

（　）問中（　）問正解

■各問の空欄に当てはまる語句をそれぞれ①～③のうちから一つずつ選びなさい。

問１　自然災害や人為的な開発などによって生じる生態系のかく乱がしばらくするともとの状態に戻る性質を（　　　　）という。
① 復活力　② 復元力　③ 回復力

問２　雑木林や人里に接した丘陵地や谷間・小川・ため池などを含めた一帯を（　　　　）という。
① 里山　② 干潟　③ 砂漠

問３　満潮時には海面下で、干潮時には陸地になる、水質を浄化する作用のある砂泥地帯を（　　　　）という。
① 里山　② 干潟　③ 砂漠

問４　地球表面の温度を上昇させる原因となる二酸化炭素やフロンなどの気体を（　　　　）という。
① 温室ガス　② 温暖化ガス　③ 温室効果ガス

問５　人間が利用する石油や石炭などのエネルギーを（　　　　）という。
① 化石燃料　② 固形燃料　③ 液体燃料

問６　人間の活動がもととなり、外部から自国にはいってきた生物は（　　　　）である。
① 外来生物　② 危険生物　③ 外生生物

問７　酸性雨は、湖沼や河川の水および土壌を（　　　　）に変化させる。
① アルカリ性　② 中性　③ 酸性

解　答

問1：②　問2：①　問3：②　問4：③　問5：①　問6：①　問7：③

問8　酸性雨の原因は（　　　　）である。

① 化石燃料の燃焼　② 木材の過剰伐採　③ 河川・湖沼の富栄養化

問9　河川や湖沼のプランクトンが異常増殖する原因は（　　　　）である。

① 化石燃料の燃焼　② 木材の過剰伐採　③ 河川・湖沼の富栄養化

問10　砂漠化の原因ではないものは（　　　　）である。

① 化石燃料の燃焼　② 木材の過剰伐採　③ 河川・湖沼の富栄養化

問11　次のうち、日本における特定外来生物は（　　　　）である。

① オランウータン　② キョン　③ トキ

問12　生態系の上位にあり、その生態系に大きな影響を与える種を（　　　　）という。

① 優占種　② 外来種　③ キーストーン種

問13　生態系の保全の取り組みとして誤っているものは（　　　　）である。

① 河川や湖沼に有機物を供給すること　② 植林

③ 資源のリサイクル

解　答

問8：①　問9：③　問10：③　問11：②　問12：③　問13：①

（　）問中（　）問正解

■ 次の各問いを読み、問１〜９に答えよ。

問１　河川・湖沼の富栄養化によって引き起こされるものとして適切なものを、下の①〜③のうちから一つ選べ。

① 赤潮の発生　② 土壌の酸性化　③ 土壌栄養分の喪失

問２　酸性雨によって引き起こされるものとして適切なものを、下の①〜③のうちから一つ選べ。

① プランクトンの異常増殖　② 森林の枯死　③ 気候の変動

問３　生態系とその保全に関わる文章として適切なものを、下の①〜⑤のうちから一つ選べ。

① 日本において、外来種の流入により種が多様化している。
② 里山の樹木は、陽樹的な性質をもち遷移の途中段階の森林において占有する樹木である。
③ 干潟では、生物濃縮の働きで水によって汚染物質が薄められて減少する。
④ マングースは奄美大島の在来種である。
⑤ 小川原諸島は、大陸から離れているため外来種の流入を免れている。

問４　里山の下草刈りが生物の多様性に与える影響として適切なものを、下の①か②のうちから一つ選べ。

① 多様性を増加させる　② 多様性を減少させる

問５　生態系のバランスに関する説明として**適切でない**ものを、下の①〜④のうちから一つ選べ。

① 外来生物の侵入は、生態系に影響を与え、種の減少につながるおそれがある。
② 単純な食物網をもつ生態系は、天敵も少ないことから、生態系のバランスは崩れない。
③ 外来生物は海外から日本に持ち込まれた生物であり、日本から海外へ渡った外来生物は確認されていない。
④ 生態系の変化が回復可能な一定の範囲内であれば生態系のバランスは保たれる。

問 6　外来生物として適切なものを、下の①～④のうちから一つ選べ。

① メダカ　② ヤマザクラ　③ アライグマ　④ ニホンザル

問 7　下の図は、2000 年から 2010 年の世界各地の森林面積の年当たりの増減をしめしたものである。以下の文章を読み、空欄 ア 、 イ に当てはまる選択肢として適切なものを、下の①と②からそれぞれ一つずつ選べ。

〈高認 R. 1-2・改〉

この図から世界全体では森林面積が ア ことが分かる。特にアフリカや南アメリカなどの熱帯多雨林は、燃料用木材や先進国向けの用材確保のために伐採されたり、農地へ転換されたりして面積が減少している。また、過去に伐採により多くの森林を失ったアジアの森林面積はここ 10 年では イ していることもわかる。

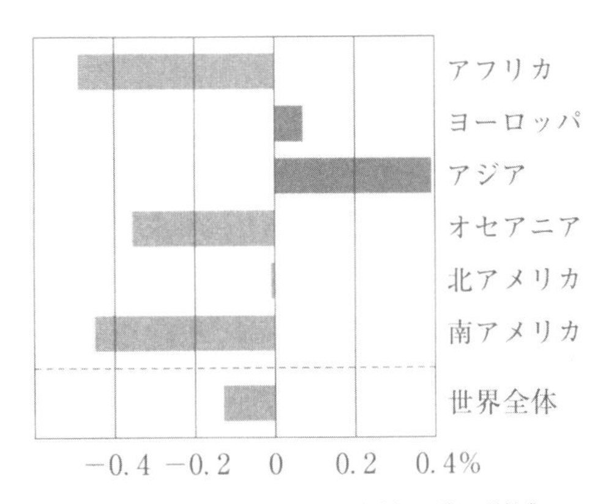

2000 ～ 2010 年の世界各地の森林面積の増減

ア：① 増加している　② 減少している　③ 変化していない

イ：① さらに減少　② 増加　③ 変化していない

問8　以下の文章を読み、空欄 ア ～ ウ に当てはまる選択肢として適切なものを、下の①～③のうちからそれぞれ一つずつ選べ。

> 湖や海において ア などの栄養塩類が蓄積して濃度が高くなる現象は、富栄養化とよばれる。富栄養化は、遷移の過程において自然にみられる現象であるが、人間活動によって排出された イ に含まれた有機物が川や海に流入して起こることもある。流入した有機物は、細菌類などによって無機物に分解される。富栄養化が進行すると、水面近くで生活する特定の ウ が異常に増殖し、赤潮やアオコが発生することがある。

ア：①　窒素やリン　　②　鉄やナトリウム　　③　酸素や炭素
イ：①　温室効果ガス　　②　酸性雨　　③　生活排水や工場排水
ウ：①　プランクトン　　②　魚類　　③　水草

問9　オオクチバスやブルーギルは外来生物で、スポーツフィッシングや食用のために日本に人為的に持ち込まれた魚類である。ある地域の13地点の池で、網を投げてオオクチバスやブルーギルを捕獲できるか調査した。
表1は、オオクチバスやブルーギルがいた池とオオクチバスやブルーギルがいなかった池で、網を1回投げるごとに捕獲できた魚の種類と数の平均値を示したものである。表から推測できることのうち、もっとも可能性のある文を全て選べ。〈高認 H. 28-2・改〉

【表1】

	オオクチバスやブルーギルがいた場所（8地点）	オオクチバスやブルーギルがいなかった場所（5地点）
在来種の数	3.9匹	41.5匹
オオクチバス・ブルーギルの数	18.0匹	0匹

①　オオクチバスやブルーギルが、在来種の魚を食べている。
②　オオクチバスやブルーギルが、在来種の魚に食べられている。
③　オオクチバスやブルーギルが、在来種の魚が食物としている生物を食べている。
④　オオクチバスやブルーギルが、在来種の魚が食物としている生物に食べられている。

解答・解説

問 1：①

富栄養化とは、窒素やリンが含まれている化学肥料が河川や湖沼に流れ込み、水中の栄養塩類濃度が上昇することです。栄養塩類をエサとする水中プランクトンが増えると、水面が赤く染まる赤潮となります。

問 2：②

化石燃料の燃焼により大気中に窒素化合物が増え、水と反応することで酸性化し雨水が降りそそぐことを酸性雨といいます。酸性雨により森林の枯死を引き起こします。

問 3：②

里山は、ササなどの下草や陰樹的な常緑広葉樹のカシ類などの樹木を取り除き、遷移途中段階の陽樹的な落葉広葉樹からなる森林が占有するように人間がコントロールしています。陽樹は、生育が早いため伐採を繰り返しても持続的に利用することができます。

問 4：①

里山の下草を刈ることで地面に光が届くようになり、小さな植物が芽吹くことができるようになり、種の多様性の増加につながります。

問 5：②

生物の種類が少なく単純な食物網をもつ生態系は、どれか一つの種が減少すると他に影響を与えやすくなるため生態系のバランスが崩れやすいです。

問 6：③

アライグマはカナダの南部に生息している動物です。天敵が日本にいなかったこともあり、日本の環境に適応し数を増やしました。アライグマは人や農作物に被害を及ぼすため特定外来種に指定されています。

問 7：ア　②　イ　②

グラフの左側が森林減少（—）、グラフの右側が森林増加（＋）を表しています。過去に伐採により多くの森林を失ったアジアの森林面積は、ここ 10 年で増加しています。アフリカや南アメリカは、先進国向けの用材確保のための伐採のため森林面積が減少しています。

問８：ア　①　イ　③　ウ　①

人間活動が活発な場所では、生活排水や工場排水などから河川に有機物が流れ込みます。有機物が分解されると、窒素やリンなどの栄養塩類が生じます。栄養塩類は植物プランクトンの栄養となります。このように栄養塩類が多くなることを富栄養化といいます。湖沼や海が富栄養化するとシアノバクテリアや青や赤の色素を持つプランクトンが大量発生しアオコや赤潮となります。

問９：①、③

オオクチバスやブルーギルは、釣り用として日本に持ち込まれました。ともに繁殖力が強く、水生生物や魚卵・小魚を捕食するために在来種の生存が危ぶまれています。

高卒認定ワークブック　新課程対応版
生物基礎

2024年　3月22日　初版　　第1刷発行
2024年　6月　6日　　　　第2刷発行

編　集：J-出版編集部
制　作：J-出版編集部
発　行：J-出版
〒112-0002 東京都文京区小石川 2-3-4 第一川田ビル　TEL 03-5800-0552
J-出版.Net　http://www.j-publish.net/

この本についてのご質問・ご要望は次のところへお願いいたします。
＊企画・編集内容に関することは、J-出版編集部（03-5800-0522）
＊在庫・不良品（乱丁・落丁等）に関することは、J-出版（03-5800-0552）
＊定価はカバーに記載してあります。

ISBN978-4-909326-86-7　C7300　Printed in Japan